国家中职示范校建设开发教材

工具钳工
实训

GONG JU QIAN GONG SHI XUN

主　编：普建能

副主编：李云海　　陆春淮

本教材以典型工作任务为导向，按照工学结合，一体化教学模式进行编写。

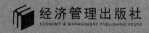

经济管理出版社
ECONOMY & MANAGEMENT PUBLISHING HOUSE

图书在版编目（CIP）数据

工具钳工实训 / 普建能主编. —北京：经济管理出版社，2015.7
ISBN 978-7-5096-3712-8

Ⅰ.①工… Ⅱ.①普… Ⅲ.①钳工 Ⅳ.①TG9

中国版本图书馆 CIP 数据核字（2015）第 071513 号

●

组稿编辑：魏晨红
责任编辑：魏晨红
责任印制：黄章平
责任校对：超　凡

出版发行：经济管理出版社
　　　　　（北京市海淀区北蜂窝 8 号中雅大厦 A 座 11 层　　　　100038）
网　　址：www. E-mp. com. cn
电　　话：(010) 51915602
印　　刷：三河市延风印装有限公司
经　　销：新华书店
开　　本：787mm×1092mm/16
印　　张：17.5
字　　数：363 千字
版　　次：2015 年 7 月第 1 版　　2015 年 7 月第 1 次印刷
书　　号：ISBN 978-7-5096-3712-8
定　　价：38.00 元

本书编委会

主　任　李自云
副主任　闵　珏
编　委　张孟培　席家永　杨佩坚　李万翔　周建云
　　　　张洪忠　叶晓刚　金之梛　朱志明　李云海

本书编审人员

主　编　普建能
副主编　李云海　陆春淮
参　编　顾华浩　聂　伟　陈云飞　李丹峰　李孝林
　　　　谢建兴　阳俊才　成忠平　周德安　廖　俊

前　言

　　根据《国家中长期教育和发展规划纲要（2010~2020年)》的指导精神和人社部《关于扩大技工院校一体化课程教学改革试点工作的通知》（人社职司便函〔2012〕8号），对一体化课程教学改革试点工作进行了部署。为了更好地适应技工院校教学改革的发展要求，我们集中了长期从事一线教学的实习指导教师，钳工、机修实训一体化教师和行业专家历经两年编写了《工具钳工实训》。

　　编写过程中，在编写委员会的指导下，积极组织开展讨论，认真总结教学和实践工作中的宝贵经验，听取了行业专家的意见和建议，进行了职业能力分析，以国家职业标准为依据，以综合职业能力培养为目标，以典型工作任务为载体，以学生为中心进行编写，根据典型工作任务和工作过程设计课程体系和内容，按照工作过程和学生自主学习的要求设计教学并安排教学活动，实现理论教学与实践教学融通合一、能力培养与工作岗位对接合一、实习实训与顶岗工作学做合一，真正做到了"教、学、做"融为一体。

编者

2014 年 6 月

目　录

第一部分　中级工

第二部分　高级工

第一部分 中级工

典型工作任务一　钳加工入门知识

学习任务描述

　　某企业因发展需要，新招聘了 60 名钳加工岗位员工，为尽快让这批新员工了解本企业钳加工工作场地的环境要素、设备管理要求以及安全操作规程，养成正确穿戴工装的良好习惯，学会按照现场管理制度清理现场、归置物品、按环保要求处理废弃物，需要利用两天的时间完成上述入职基础培训，为下一步钳加工技能训练奠定基础。

任务评价

序号	学习活动	评价内容					权重(%)
		活动成果(40%)	参与度(10%)	安全生产(20%)	劳动纪律(20%)	工作效率(10%)	
1	参观生产现场，进行安全学习	生产现场信息采集，安全标识认知	活动记录	工作记录	教学日志	完成时间	20
2	钳加工所需要的工量夹具、设备认知学习	工量夹具设备的名称及用途	活动记录	工作记录	教学日志	完成时间	50
3	工作总结与评价	对钳加工的总体认知情况	活动记录	工作记录	教学日志	完成时间	30
总　计							100

学习活动一　参观生产现场，进行安全学习

 学习目标

- 感知钳工的工作现场和工作过程；
- 能识别工作环境的安全标志；
- 能认知钳工工作特点和主要工作任务。

学习过程

一、参观钳工车间和观看录像

钳工车间、视频资料、安全标示。

二、引导问题

（1）钳工车间工作场地的布置情况如何？

（2）在车间里看到了哪些安全标志？分别是什么含义？

（3）钳工的工作特点和主要工作任务是什么？

（4）小组成员特点及分工情况（见下表）。

小组成员名单	成员特点	小组中的分工	备 注

（5）小组讨论记录（小组记录需有：记录人、主持人、日期、内容等要素）。

学习活动二　钳加工所需要的工量夹具、设备认知学习

 学习目标

- 认识钳工工作场地和常用工量夹具和设备。

 学习过程

一、认识钳工工量夹具、设备

工具、量具、夹具和设备。

二、引导问题

（1）对照图形，填写工具名称及用途。

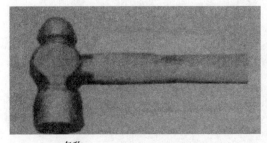

名称：_____
用途：_____

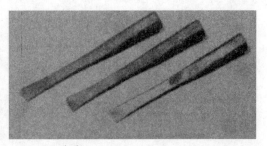

名称：_____
用途：_____

名称：_____
用途：_____

名称：_____
用途：_____

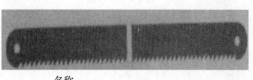

名称：_____

用途：_____

名称：_____

用途：_____

名称：_____

用途：_____

名称：_____

用途：_____

名称：_____

用途：_____

名称：_____

用途：_____

（2）对照图形，填写量具名称及用途。

名称：_____

用途：_____

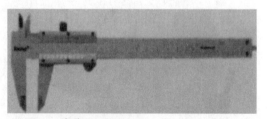

名称：_____

用途：_____

名称：_____

用途：_____

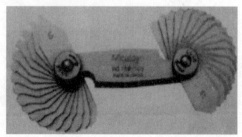

名称：_____

用途：_____

名称:＿＿＿＿＿＿＿＿
用途:＿＿＿＿＿＿＿＿

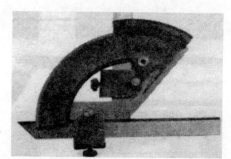

名称:＿＿＿＿＿＿＿＿
用途:＿＿＿＿＿＿＿＿

（3）对照图形，填写设备名称及用途。

名称:＿＿＿＿＿＿＿＿
用途:＿＿＿＿＿＿＿＿

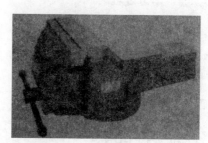

名称:＿＿＿＿＿＿＿＿
用途:＿＿＿＿＿＿＿＿

名称:＿＿＿＿＿＿＿＿
用途:＿＿＿＿＿＿＿＿

名称:＿＿＿＿＿＿＿＿
用途:＿＿＿＿＿＿＿＿

学习活动三　工作总结与评价

 学习目标

- 能严格遵守车间管理规定，按要求穿戴工装；
- 能与他人合作，进行有效沟通。

 学习过程

一、学习准备

车间管理规定，安全操作规程。

二、引导问题

（1）钳工车间纪律要求有哪些？

（2）车间的卫生要求有哪些？

（3）台钻安全操作规程有哪些？

 评价与分析

活动过程评价表

班级：_____ 姓名：_____ 学号：_____ _____年___月___日

评价项目及标准		分数	自我评价 (10%)	小组评价 (30%)	教师评价 (60%)
操作技能	1. 检测工量具的正确规范使用	10			
	2. 动手能力强，理论联系实际，善于灵活应用	10			
	3. 检测的速度	10			
	4. 熟悉质量分析、结合实际，提高自己的综合实践能力	10			
	5. 检测的准确性	10			
	6. 通过检测，能对加工工艺进行合理性分析	10			
实习过程	1. 查阅、收集资料情况 2. 任务完成情况 3. 成果展示情况 4. 纪律观念 5. 实训安全操作 6. 检测工件规范情况 7. 平时出勤情况 8. 检测完成质量 9. 检测的速度与准确性 10. 每天对工量具的整理保管及场地卫生清扫情况	30			
情感态度	1. 师生互动 2. 良好的劳动习惯 3. 组员的交流、合作 4. 动手操作的兴趣、态度、积极主动性	10			
小 计		100			
总 计					
工件检测得分			综合测评得分		
简要评述					

注：综合测评得分=总计×50% + 工件检测得分×50%。

任课教师签字：_____

 知识链接

一、钳工工作场地

钳工工作场地是指钳工的固定工作地点。为工作方便，钳工工作场地布局一定要合理，符合安全文明生产的要求。

1. 合理布置主要设备

（1）钳工工作台应安放在光线适宜、工作方便的地方，钳工工作台之间的距离应适当。面对面放置的钳工工作台还应在中间装置安全网。

（2）砂轮机、钻床应安装在场地的边缘，尤其是砂轮机一定要安装在安全、可靠的地方。

2. 毛坯和工件要分放

毛坯和工件要分别摆放整齐，工件尽量放在搁置架上，以免磕碰。

3. 合理摆放工具、量具、夹具

常用的工具、量具、夹具应放在工作位置附近，便于随时取用。工具、量具、夹具用后应及时保养并放回原处。

4. 工作场地应保持整洁

每次实训结束后应按要求对设备进行清扫、润滑，并把工作场地打扫干净。

二、车间安全标识

车间安全标识如图 1-1 所示。

图 1-1　安全标识

三、钳工常用设备

1. 钳工工作台

钳工工作台如图 1-2 所示，也称钳工台或钳桌，钳台的主要作用是安装台虎钳和存放钳工常用工具、量具、夹具。

图 1-2 钳工工作台

2. 台虎钳

台虎钳是用来夹持工件的通用夹具，其规格用钳口宽度来表示，常用规格有 100mm、125mm 和 150mm 等。

使用台虎钳的注意事项：

（1）夹紧工件时要松紧适当，只能用手扳紧手柄，不得借助其他工具加力。

（2）强力作业时，应尽量使力朝向固定钳身。

（3）不允许在活动钳身和光滑平面上敲击作业。

（4）对丝杠、螺母等活动表面应经常清洗、润滑，以防生锈。

3. 砂轮机

砂轮机是用来刃磨各种刀具、工具的常用设备，由电动机、砂轮机座、托架和防护罩等部分组成。砂轮机如图 1-3 所示。

图 1-3 砂轮机

砂轮较脆，转速又很高，使用时应严格遵守以下安全操作规程：

（1）砂轮机的旋转方向要正确，只能使磨屑向下飞离砂轮。

（2）砂轮机启动后，应在砂轮旋转平稳后再进行磨削。若砂轮跳动明显，应及时停机修整。

（3）砂轮机托架和砂轮之间的距离应保持在 3mm 以内，以防工件扎入造成事故。

（4）磨削时应站在砂轮机的侧面，且用力不宜过大。

4. 台式钻床

台式钻床简称台钻，它结构简单、操作方便，常用于小型工件钻、扩直径 12mm 以下的孔。

5. 立式钻床

立式钻床简称立钻，主要用于钻、扩、锪、铰中小型工件上的孔及攻螺纹等。

6. 摇臂钻床

摇臂钻床主要用于较大、中型工件的孔加工。其特点是操纵灵活、方便，摇臂不仅能升降，而且还可以绕立柱做 360° 的旋转。

四、钳工的主要工作任务

（1）零件加工。可以完成一些采用机械方法不适宜或不能解决的加工任务，如划线，精密加工中的刮削、研磨、锉削样板和制作模具等。

（2）工具的制造和修理。可制造和修理各种工具、夹具、量具、模具及各种专用设备。

（3）机器的装配。把零件按装配技术要求进行装配，并经过调试，检验和试车，使之成为合格的机械设备。

（4）设备的维护。当机械设备在使用过程中发生故障，出现损坏或在长期的使用后，精度降低，影响使用时，可由钳工进行维护和修理。

五、钳工的种类及基本操作技能

（1）装配钳工。从事操作机械设备或使用工装、工具，按技术要求对机械设备零件、组件或成品进行组合装配与调试的人员。

（2）机修钳工。从事机械设备部分的维护和修理的人员。

（3）工具钳工。从事操作钳工工具、钻床等设备进行刀具、量具、模具、夹具、辅具等（统称工装或工具）的零件加工和修整、组合装配、调试与修理的人员。

（4）操作技能。钳工基本操作技能包括划线、錾削、锯削、锉削、钻孔、扩孔、锪孔、铰孔、攻螺纹、套螺纹、矫正与弯形、铆接、刮削、研磨、技术测量及简单的热处理，以及对部件、机器进行装配、调试、维护及修理等。

六、钳工的工作特点

手工操作多、灵活性强，工作范围广、技术要求高，且操作者的技能水平直接影响加工质量。

七、车间安全操作规程

1. 车间纪律要求

（1）实训期间必须严格遵守纪律，听从老师安排，不得做与实习无关的事。

（2）不准迟到、早退。

（3）不准在车间高声喧哗、嬉戏打闹，以防事故发生。在车间里不乱跑，不允许串岗。

（4）实训期间禁止玩手机、听音乐。

（5）禁止携带充电设备进入车间。

（6）不准带零食进入车间。

（7）未经老师允许，不能擅自操作设备。

2. 卫生要求

（1）不乱扔垃圾、随地吐痰。

（2）实习结束后，认真打扫工位及车间卫生。

（3）值日生须检查窗子是否关好，电源是否关闭，垃圾须分类摆放。

（4）禁止在墙上乱涂乱画。

3. 台钻安全操作规程

（1）操作钻床前应先检查钻床运行是否正常，主轴转速选择是否合适。

（2）操作者必须戴防护眼镜，戴好工作帽。

（3）操作钻床时禁止戴手套，袖口必须扎紧。

（4）变换主轴转速时，必须在停车状态下调整。

（5）钻头、工件必须装夹牢固。

（6）开动钻床前，应检查钻床钥匙或斜铁等是否插在钻床上。

（7）操作者的头部不能离主轴太近。

（8）严禁在开机状态下装拆、检测工件。

（9）三禁止（禁止用手拉、禁止用嘴吹、禁止用棉纱擦）清除切屑。

（10）操作钻床时注意力要集中，不允许聊天。

（11）停车时应让主轴自然停止，不能用手强行停车，也不能反转制动。

（12）清洁钻床或加注润滑油时，必须切断电源。

（13）一人一机操作。

典型工作任务二　量具的使用

学习任务描述

量具在钳加工中起着重要的作用，它是保证零件尺寸公差、形位公差的基本依据，也是零件组装成机器后，机器能正常运转的重要保证。为了保证产品质量，加工过程中及加工完毕后要用量具进行严格的测量，以保证工件及产品的形状、尺寸。

任务评价

序号	学习活动	评价内容					权重(%)
		活动成果(40%)	参与度(10%)	安全生产(20%)	劳动纪律(20%)	工作效率(10%)	
1	量具认识	量具的名称及分类	活动记录	工作记录	教学日志	完成时间	10
2	量具刻度原理	刻线原理的掌握情况	活动记录	工作记录	教学日志	完成时间	30
3	量具刻度误差分析	存在误差的原因	活动记录	工作记录	教学日志	完成时间	40
4	工作总结与评价	总体收获	活动记录	工作记录	教学日志	完成时间	20
总　计							100

学习活动一　量具认识

学习目标

- 认识钳工常用的几种量具；
- 学会各种量具的使用方法。

学习过程

一、学习准备

游标卡尺、千分尺、万能角度尺、百分表。

二、钳工常用量具分类

（1）游标卡尺。游标卡尺可以用来测量长度、厚度、外径、内径、孔深、中心距等。游标卡尺有 0.1mm、0.05mm、0.02mm 三种测量精度。

问题：游标卡尺由哪些结构组成？

（2）千分尺。千分尺是钳工测量中最常用的精密量具之一，按用途可分为外径千分尺、内径千分尺、深度千分尺、内测千分尺、螺纹千分尺等。其中，外径千分尺是最常用的。

问题：外径千分尺由哪些结构组成？

（3）万能角度尺。万能角度尺是用来测量工件内、外角度的量具。其测量精度有 2 分和 5 分，测量范围为 0~320°。

问题：万能角度尺由哪些结构组成？

三、引导问题

（1）根据小组成员特点完成下表。

小组成员名单	成员特点	小组中的分工	备 注

（2）小组讨论记录（小组记录需有：记录人、主持人、日期、内容等要素）。

学习活动二　量具刻度原理

 学习目标

- 掌握钳工常用量具的刻线原理；
- 能对不同测量精度的量具的刻线原理进行分析。

学习过程

一、学习准备

量具使用说明书、钳工培训教材。

二、引导问题

1. 游标卡尺

（1）测量精度为 0.02mm 的游标卡尺的刻线原理是什么？

（2）游标卡尺的读数方法是什么？

2. 千分尺

（1）千分尺的刻线原理是什么？

（2）千分尺的读数方法是什么？

3. 万能角度尺

（1）万能角度尺的刻线原理是什么？

(2) 万能角度尺的读数方法是什么?

学习活动三　量具刻度误差分析

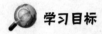 **学习目标**

- 试分析量具产生刻度误差的原因;
- 在实际使用时能够尽量减小刻度误差对测量的影响。

 **学习过程**

一、学习准备

游标卡尺、千分尺和万能角度尺的相关技术资料。

二、引导问题

(1) 引起游标卡尺测量误差的因素有哪些?

(2) 引起千分尺测量误差的因素有哪些?

(3) 引起万能角度尺测量误差的因素有哪些?

(4) 针对以上引起误差的因素，在实际测量时应该如何减小误差？

学习活动四 工作总结与评价

 **学习目标**

- 能自信地将量具学习的收获分享给其他同学；
- 对量具的结构、刻线原理和读数方法进行总结。

 **学习过程**

一、学习准备

笔记本、展板。

二、引导问题

(1) 通过本次系统学习，你对三种量具的结构、刻线原理和读数方法还有哪些不清楚的地方？

(2) 能准确读出量具任意位置上所示的实际尺寸吗？

（3）影响读数准确性的因素有哪些？试分析。

评价与分析

活动过程评价表

班级：＿＿＿＿＿　　姓名：＿＿＿＿＿　　学号：＿＿＿＿＿　　　＿＿＿年＿＿月＿＿日

评价项目及标准		分数	自我评价（10%）	小组评价（30%）	教师评价（60%）
操作技能	1. 检测工量具的正确规范使用	10			
	2. 动手能力强，理论联系实际，善于灵活应用	10			
	3. 检测的速度	10			
	4. 熟悉质量分析、结合实际、提高自己的综合实践能力	10			
	5. 检测的准确性	10			
	6. 通过检测，能对加工工艺进行合理性分析	10			
实习过程	1. 查阅、收集资料情况 2. 任务完成情况 3. 成果展示情况 4. 纪律观念 5. 实训安全操作 6. 检测工件规范情况 7. 平时出勤情况 8. 检测完成质量 9. 检测的速度与准确性 10. 每天对工量具的整理保管及场地卫生清扫情况	30			
情感态度	1. 师生互动 2. 良好的劳动习惯 3. 组员的交流、合作 4. 动手操作的兴趣、态度、积极主动性	10			
小　计		100			
总　计					
工件检测得分			综合测评得分		
简要评述					

注：综合测评得分=总计×50% + 工件检测得分×50%。

任课教师签字：＿＿＿＿＿＿＿＿＿＿＿

知识链接

一、常用测量工具的使用

量具的种类很多，在钳加工中根据用途及特点不同，可以分为万能量具、专用量具、标准量具等。

1. 万能量具

能对多种零件、多种尺寸进行测量的量具。这类量具一般都有刻度，在测量范围内可测量出零件或产品形状、尺寸的具体数值，如游标卡尺、千分尺、百分表、万能角度尺等，如图 2-1 所示。

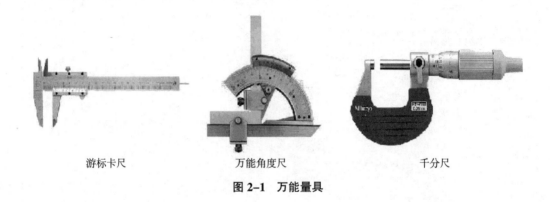

| 游标卡尺 | 万能角度尺 | 千分尺 |

图 2-1　万能量具

2. 专用量具

专为测量零件或产品某一形状、尺寸制造的量具。这类量具不能测出具体的实际尺寸，只能测出零件或产品的形状、尺寸是否合格，如卡规、塞规等，如图 2-2（a）所示。

3. 标准量具

只能制成某一固定尺寸，用来校对和调整其他量具的量具，例如量规、量块，如图 2-2(b) 所示。

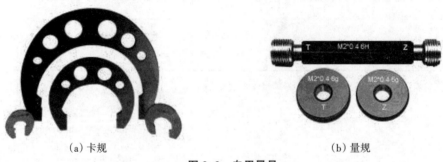

（a）卡规　　　　　　　　　　（b）量规

图 2-2　专用量具

二、游标量具

凡利用尺身和游标刻线间的长度之差原理制成的量具，统称为游标量具。钳工中常用的游标量具有游标卡尺、万能角度尺、游标高度尺、齿厚游标尺、游标深度尺等。

1. 游标卡尺

游标卡尺的应用如图 2-3 所示。

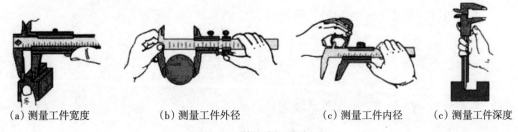

（a）测量工件宽度　　　（b）测量工件外径　　　（c）测量工件内径　　（c）测量工件深度

图 2-3　游标卡尺的应用

（1）游标卡尺的结构。由尺身、游标、内量爪、外量爪、深度尺和紧固螺钉组成。

（2）0.02mm 游标尺的刻线原理。尺身每 1 格长度为 1mm，游标总长为 49mm，等分 50 格，每格长度为 49÷50=0.98（mm），则尺身 1 格和游标 1 格长度之差为：1-0.98=0.02（mm），所以它的精度为 0.02mm。

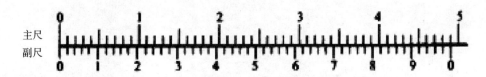

图 2-4　游标卡尺的刻线原理

（3）游标卡尺的读数方法。首先读出游标尺零刻线左边尺身上的整毫米数，再看游标尺从零线开始第几条刻线与尺身某一刻线对齐，其游标刻线格数与精度的乘积就是不足 1mm 的小数部分，最后将整毫米数与小数相加就是测量的实际尺寸。

（4）读数实例。如图 2-5 所示，整毫米数为 16mm，游标上的第 21 格与尺身的刻线对齐，小数为 21×0.02=0.42（mm），所以，实测尺寸为 16+0.42=16.42（mm）。

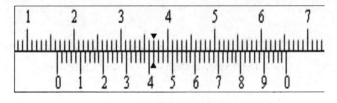

图 2-5　游标卡尺读数实例

（5）游标卡尺的保养。

1）根据被测工件的特点、尺寸大小和精度要求选用合适的类型、测量范围和分度值。

2）测量前应将游标卡尺擦干净，并将两量爪合并，检查游标卡尺的精度状况；大规格的游标卡尺要用标准棒校准检查。

3）测量时，被测工件与游标卡尺要对正，测量位置要准确，两量爪与被测工件表面接触松紧合适。

4）读数时，要正对游标刻线，看准对齐的刻线，正确读数；不能斜视，以减少读数误差。

5）用单面游标卡尺测量内尺寸时，测得尺寸应为卡尺上的读数加上两量爪宽度尺寸。

6）严禁在毛坯面、运动工件或温度较高的工件上进行测量，以防损伤量具精度和影响测量精度。

7）在使用过程中，不能将游标卡尺和刀具（如锉刀、车刀、钻头等）堆放在一起，以免砸伤；也不要随便放在机床上，以免因振动掉落造成损伤。

2. 万能角度尺

（1）万能角度尺的结构。由主尺、扇形板、基尺、游标、直角尺、直尺、卡块组成，如图 2-6 所示。

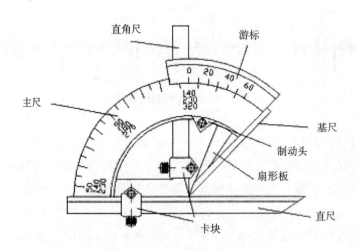

图 2-6　万能角度尺的结构

（2）2′万能角度尺的刻线原理。尺身刻线每格为 1°，游标共 30 格等分 29°，游标每格为 29°÷30=58′，尺身 1 格和游标 1 格之差为 1°-58′=2′，所以它的测量精度为 2′，如图 2-7 所示。

图 2-7　2′万能角度尺的刻线原理

（3）读数方法。先读出游标尺零刻度前面的整度数，再看游标尺第几条刻线和尺身刻线对齐，读出不足 1° 的分的数值，最后两者相加就是测量角度的数值。读数实例如图 2-8 所示。

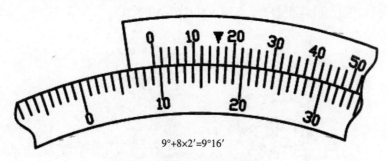

$$9° + 8 × 2′ = 9°16′$$

图 2-8　万能角度尺的读数方法

（4）万能角度尺测量不同角度范围的装拆方法，如图 2-9 所示。

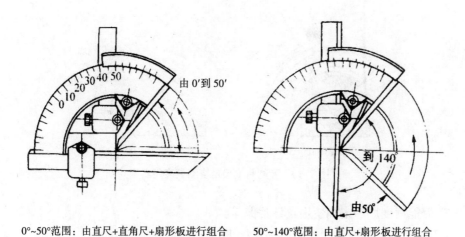

0°~50°范围：由直尺+直角尺+扇形板进行组合　　50°~140°范围：由直尺+扇形板进行组合

图 2-9　万能角度尺测量不同角度范围的装拆方法

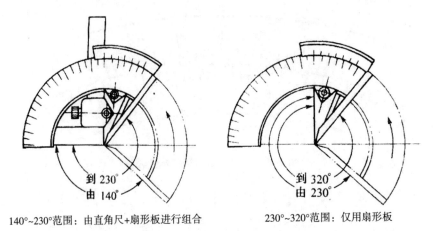

140°~230°范围：由直角尺+扇形板进行组合　　　230°~320°范围：仅用扇形板

图 2-9　万能角度尺测量不同角度范围的装拆方法（续）

（5）万能角度尺角度测量应用实例，如图 2-10 所示。

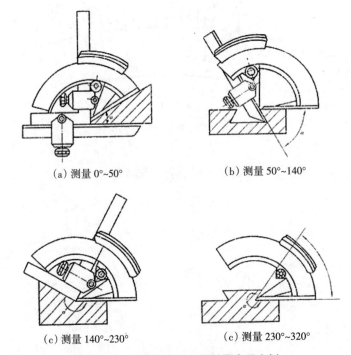

（a）测量 0°~50°　　　　　　（b）测量 50°~140°

（c）测量 140°~230°　　　　　（c）测量 230°~320°

图 2-10　万能角度尺角度测量应用实例

（6）万能角度尺的正确使用及日常保养。

1）万能角度尺应有计量部门的确认标识，标识应在有效期内。

2）量具的各组成部件应完整无缺，测量面应无明显划痕。

3）游标与主尺在相对移动时，应灵活平稳，卡块紧固可靠，微动装置有效。

4）测量角度大于 90°时，测得的读数应加上基数（90°、180°、270°）才是被测的角度值。

5）测量完毕后，松开各紧固件，取下直尺、角尺，然后擦净，上防锈油装入专用盒内。

6）在使用过程中，不能将万能角度尺和刀具（如锉刀、车刀、钻头等）堆放在一起，以免砸伤；也不要随便放在机床上，以免振动掉落，造成损伤。

三、千分尺

千分尺的种类较多，如图 2-11 所示。

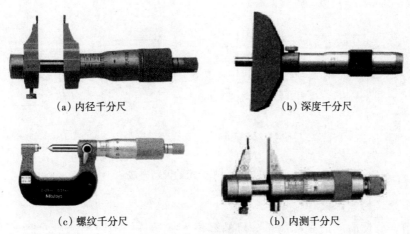

（a）内径千分尺　　　　　　　　（b）深度千分尺

（c）螺纹千分尺　　　　　　　　（b）内测千分尺

图 2-11　千分尺的种类

1. 外径千分尺的结构

外径千分尺的结构，如图 2-12 所示。

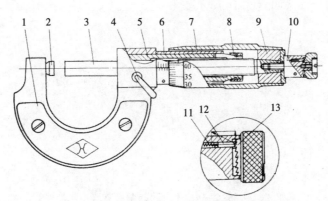

1-尺架　2-砧座　3-测微螺杆　4-锁紧装置　5-螺纹轴套　6-固定套管　7-微分筒
8-螺母　9-接头　10-测力装置　11-弹簧　12-棘轮爪　13-棘轮

图 2-12　外径千分尺的结构

2. 外径千分尺的刻线原理

固定套管上每相邻两刻线轴向每格长为 0.5mm，测微螺杆螺距为 0.5mm。当微分筒转 1 圈时，测微螺杆就移动 1 个螺距 0.5mm。微分筒圆锥面上共等分 50 格，微分筒每转 1 格，测微螺杆就移动 0.5mm÷50格=0.01（mm），所以千分尺的测量精度为 0.01mm。

3. 读数方法

先读出固定套筒上露出刻线的整毫米及半毫米数，再看微分筒哪一条刻线与固定套管的基准线对齐，读出不足半毫米的小数部分，最后将两次读数相加，即是工件的测量尺寸，如图 2-13 所示。

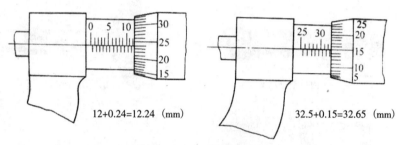

12+0.24=12.24（mm）　　　　32.5+0.15=32.65（mm）

图 2-13　千分尺的读数方法

4. 千分尺的零位校对

使用千分尺前，应先校对千分尺的零位。把千分尺的两个测量面擦干净，转动测微螺杆使它们贴合在一起（这里是针对 0~25mm 的千分尺而言，若测量范围大于 0~25mm 时，应该在两测量面之间放上校对棒），检查微分筒上的 "0" 刻线是否对准固定套筒的基准轴向中线，微分筒的端面是否正好使固定套筒上的 "0" 刻线露出来。

5. 千分尺的测量方法

千分尺的测量方法如图 2-14 所示。

（a）单手测量　　　　　　　　　　　　（b）双手测量

图 2-14　千分尺的测量方法

6. 千分尺的使用保养

（1）千分尺是一种精密的量具，使用时应小心谨慎，动作轻缓，不要让它受到打击和碰撞。

（2）千分尺的螺纹非常精密，旋钮和测力装置在转动时都不能过分用力；当转动旋钮使测微螺杆靠近测物时，一定要改旋测力装置，不能转动旋钮使螺杆压在待测物上；当测微螺杆与砧座已将测物卡住或旋紧锁紧装置的情况下，绝不能强行转动旋钮。

（3）为了防止手温使尺架膨胀引起微小的误差，在尺架上装有隔热装置。实验时应手握隔热装置，而尽量少接触尺架的金属部分。

（4）使用千分尺测同一长度时，一般应反复测量几次，取其平均值作为测量结果。

（5）使用完毕后，应用纱布将千分尺擦干净，在砧座与螺杆之间留出一点空隙，放入盒中，如长期不用可以抹上机油或黄油，放置在干燥的地方，注意不要让它接触腐蚀性气体。

（6）在使用过程中，不能将千分尺和刀具（如锉刀、车刀、钻头等）堆放在一起，以免砸伤；也不要随便放在机床上，以免振动掉落，造成损伤。

四、测量技能训练

1. 游标卡尺的使用

测量时，内外量爪应张开到略大于被测尺寸。先将尺框靠在工件测量基准面上，然后轻轻移动游标，使内外量爪贴靠在工件另一面上，如图 2-15 所示。

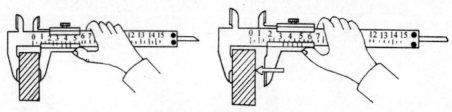

图 2-15　游标卡尺的使用

使游标卡尺测量面正确接触，不能处于歪斜状态，然后把紧固螺钉拧紧，读出读数，如图 2-16 所示。

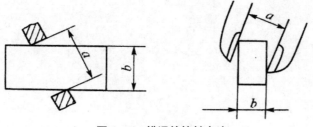

图 2-16　错误的接触方法

2. 千分尺的使用

用千分尺进行测量时，应先将砧座和测微螺杆的测量面擦干净，并校准千分尺的零位。测量时可单手操作或双手操作。使用时，旋转力要适当，一般先旋转微分筒，当测量面快接触或刚接触工件表面时，再旋转棘轮，以控制一定的测量力，最后读出读数。

3. 万能角度尺的使用

测量前应将测量面擦干净，直尺调好后将卡块紧固螺钉拧紧。测量时应先将基尺贴靠在工件的测量基准面上，然后缓慢移动游标，使直尺紧靠在工件表面再读出读数。

4. 实物测量

（1）用游标卡尺测量。用游标卡尺测量内径、外径、孔深、阶台及中心距等。通过测量熟悉游标卡尺结构、掌握游标卡尺的用法，并能快速准确地读出读数。

（2）用千分尺测量。用千分尺测量外径、长度、厚度等，通过实物测量达到熟悉千分尺结构、掌握千分尺的使用方法，并能快速、准确读出读数。

（3）用万能角度尺测量。用万能角度尺对不同角度、锥度进行测量，通过测量熟悉万能角度尺的结构、不同范围内角度的测量方法，并能快速准确地读出读数。

典型工作任务三 锉锯削训练

学习任务描述

　　学生在接受加工任务后，查阅信息，做好加工前准备工作，包括查阅锉削及锯削工艺知识、使用及保养知识，并做好安全防护措施。加工过程中对设备的操作应正确、规范，工具、量具、夹具及刃具摆放应规范整齐，工作场地保持清洁；严格遵守钳工操作规程及设备安全操作规程，养成安全文明生产的良好职业习惯。

任务评价

序号	学习活动	评价内容					权重(%)
		活动成果(40%)	参与度(10%)	安全生产(20%)	劳动纪律(20%)	工作效率(10%)	
1	通过各种渠道获取相关锉削工艺知识、锯削工艺知识	查阅信息单	活动记录	工作记录	教学日志	完成时间	10
2	正确掌握锉削及锯削的姿势和动作要领	姿势正确和动作规范	活动记录	工作记录	教学日志	完成时间	30
3	领取毛坯和工量具，按加工步骤加工及进行质量检测	工量具的正确使用，质量检测方法	活动记录	工作记录	教学日志	完成时间	40
4	工作总结与评价	对学习情况做总结交流、反馈	活动记录	工作记录	教学日志	完成时间	20
总　计							100

学习活动一　通过各种渠道获取相关锉削工艺知识、锯削工艺知识

 学习目标

● 能通过各种渠道获取相关锉削工艺知识、锯削工艺知识。

 **学习过程**

一、学习准备

任务书、教材。

二、引导问题

加工图纸如图 3-1 所示。

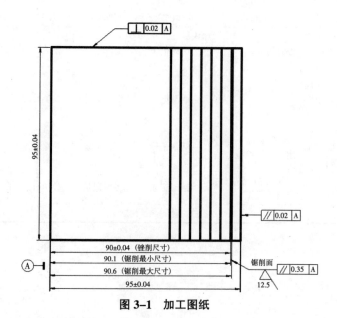

图 3-1　加工图纸

（1）锉刀的构造是什么？

（2）锉削速度每分钟多少次合适？推出与回程有什么要点？

（3）平面锉削的方法有哪几种？

（4）锉削废品是怎么产生的？

（5）锉削时的注意事项有哪些？

（6）如何保养锉刀？

（7）根据你的分析，安排工作进度，填写下表：

序　号	开始时间	结束时间	工作内容	工作要求	备　注

（8）小组讨论记录（小组记录需有：记录人、主持人、日期、内容等要素）。

学习活动二　正确掌握锉削及锯削的姿势和动作要领

 学习目标

- 能正确掌握锉削的姿势和动作要领；
- 能正确掌握锯削的姿势和动作要领；
- 能明白锉削中锉不平的原因并纠正；
- 能在锯削时把锯歪的缝纠正过来，并越锯越直。

 学习过程

一、学习准备

锉刀、手锯、教材。

二、引导问题

（1）为什么锯锉削时不能站直身体？

（2）锉不平的原因有哪些？

（3）锉削时用嘴吹和用手擦铁屑会有什么后果？

（4）为什么有的同学锯锉的声音很刺耳？

（5）为什么刚开始锯削，锯齿就掉了很多？

（6）锯条的种类及使用要求。

（7）锯削时如何把锯歪的缝纠正过来，并越锯越直。

（8）锯条折断的原因。

（9）锯削时应注意的安全事项。

学习活动三　领取毛坯和工量具，按加工步骤加工及进行质量检测

 学习目标

- 能按照加工步骤加工并进行质量检测；
- 能达到一定的锉削精度（尺寸精度、形状位置精度及表面粗糙度）；
- 能锯除的加工余料最多而不损坏有用部分。

 学习过程

一、学习准备

图纸、刀具、刃具、工具、量具。

二、引导问题

（1）拿到材料，检查毛坯是否合格。

（2）有些新材料总刺伤手，也装夹不紧，如何处理？

（3）针对锯锉方面，老师示范后，你还有不明白的地方吗？

(4) 每锯锉一条边，你是否有所进步？原因是什么？

(5) 解释"千锤百炼"的意思。

(6) 填写评分表：

姓名	检测项目	外形 (95±0.04)× (95±0.04) mm	锯削①	锉削①	锯削②	锉削②	锯削③	锉削③	锯削④	锉削④	锯削⑤	锉削⑤	总分
	配分	10	9	9	9	9	9	9	9	9	9	9	100

(7) 编写出锯锉练习工艺卡片，如下表：

工 序	操作内容	精度检测	使用工具

学习活动四　工作总结与评价

 学习目标

- 能清晰合理地撰写总结；
- 能有效进行工作反馈与经验交流。

 学习过程

一、学习准备

任务书、数据的对比分析结果。

二、引导问题

（1）本次工作最大的收获是什么？

（2）总结本次学习任务过程中存在的问题并提出解决方法。

（3）本次学习任务中你做得最好的一项或几项内容是什么？

（4）完成工作总结并提出改进意见。

 评价与分析

活动过程评价表

班级：_____ 姓名：_____ 学号：_____ ____年___月___日

评价项目及标准		分 数	自我评价(10%)	小组评价(30%)	教师评价(60%)
操作技能	1. 检测工量具的正确规范使用	10			
	2. 动手能力强，理论联系实际，善于灵活应用	10			
	3. 检测的速度	10			
	4. 熟悉质量分析、结合实际，提高自己的综合实践能力	10			
	5. 检测的准确性	10			
	6. 通过检测，能对加工工艺进行合理性分析	10			
实习过程	1. 查阅、收集资料情况 2. 任务完成情况 3. 成果展示情况 4. 纪律观念 5. 实训安全操作 6. 检测工件规范情况 7. 平时出勤情况 8. 检测完成质量 9. 检测的速度与准确性 10. 每天对工量具的整理保管及场地卫生清扫情况	30			
情感态度	1. 师生互动 2. 良好的劳动习惯 3. 组员的交流、合作 4. 动手操作的兴趣、态度、积极主动性	10			
小 计		100			
总 计					
工件检测得分			综合测评得分		
简要评述					

注：综合测评得分＝总计×50%＋工件检测得分×50%。

任课教师签字：_____

 知识链接

锉 削

用锉刀对工件进行切削加工，使工件达到所要求的尺寸、形状和表面粗糙度，这种加工方法称为锉削。

锉削的加工范围很广。它可以加工工件的内外平面、内外曲面，内外角、沟槽以及各种复杂形状的表面。虽然现代化技术迅猛发展，但在装配过程中对个别零件仍需要使用锉销进行修整、修理，包括对某些复杂形状的零件进行加工以及模具的制作等。

由此可见锉削在现代工业生产中仍占有相当重要的位置。

生产锉刀常用的材料为：碳素工具钢 T12、T12A、T13A，淬火后硬度可达 62HRC 以上。

一、锉刀的类型、规格、基本尺寸及主要参数

1. 锉刀的类型

（1）钳工锉。按照锉刀近光坯锉身处的断面形状不同，可以分为扁锉、半圆锉、三角锉、方锉、圆锉等。

（2）异型锉。加工特殊表面时使用，分为菱形锉、单面三角锉、刀形锉、双半圆锉、椭圆锉、圆肚锉等。

（3）整形锉。用于修整工件上的细小部分。

2. 锉刀的规格

钳工锉的规格是指锉身的长度。异型锉和整形锉的规格是指锉刀的全长。

3. 锉刀的基本尺寸

锉刀的基本尺寸主要包括宽度、厚度。对圆锉而言，指其直径。

4. 锉刀锉纹的主要参数

（1）钳工锉。锉纹号表示锉齿粗细的参数。按照每 10mm 轴向长度内主锉纹的条数划分为五种，分别为 1 号、2 号、3 号、4 号、5 号。锉纹号越小，锉齿越粗。

（2）异型锉。锉纹号共分为 10 种，分别为 00 号、0 号、1 号、2 号……8 号。

二、锉刀的握法

1. 大锉刀

（1）右手握着锉刀柄，将柄的外端顶在拇指根部的手掌上，大拇指放在手柄上，其余手指由上而下握住手柄。

（2）左手掌斜放在锉刀上方，拇指根部肌肉轻压在锉刀的刀尖上，中指和无名指抵住梢部右下方（或左手掌斜放在锉刀梢部，大拇指自然伸出，其余手指自然蜷曲，小指、无名指、中指抵住锉刀的前下方；或左手掌斜放在锉刀梢上，其余各指自然平放）。

2. 中型锉

（1）右手与握大锉刀的方法相同。

（2）左手的大拇指和食指轻轻持扶锉梢。

3. 小型锉

（1）右手食指平直扶在手柄的外侧面。

（2）左手手指压在锉刀的中部以防锉刀弯曲。

4. 整形锉

单手持手柄，食指放在锉身上方。

5. 异型锉

（1）右手与握小型锉的方法相同。

（2）左手轻压在右手手掌外侧以压住锉刀，小指钩住锉刀，其余手指抱住右手。

三、工件的装夹（工件的装夹是否正确，直接影响到锉削质量）

（1）工件尽量夹持在台虎钳钳口宽度方向的中间。锉削面要靠近钳口，以防锉削时产生振动而发出刺耳的声音。

（2）装夹要稳固，但用力不可太大，以防工件变形。

（3）装夹已加工表面和精密工件时，应在台虎钳钳口上衬上紫铜皮或铝皮等软的衬垫，以防夹坏工件。

四、平面的锉削

1. 平面的锉削方法

（1）顺向锉。顺向锉是最基本的锉削方法，不大的平面和最后锉光都用这种方法，以得到正直的刀痕。

（2）交叉锉。交叉锉时锉刀与工件接触面较大，锉刀容易掌握得平稳，且能从交叉的刀痕上判断出锉削面的凹凸情况。锉削余量大时，一般可以在锉削的前阶段用交叉锉，以提高工作效率。当余量不多时，再改用顺锉使锉纹方向一致，得到较光滑的表面。

（3）推锉。当锉削狭长平面或采用顺向锉受阻时，可以采用推锉。推锉时的运动方向不是锉齿的切削方向，且不能充分发挥手的力量，故切削效率不高，只适合于锉削余量小的场合。

2. 锉刀的运动

为了使整个加工面的锉削均匀，无论采用顺向锉还是交叉锉，一般应在每次抽回锉刀时向旁边略作移动。

3. 锉削平面的检验方法

在平面的锉削过程当中或完工后，常用钢直尺或刀口形直尺，以透光法来检验其平面度。

注意：在检查过程中，当需要改变检验位置时，应将尺子提起，再轻轻放到新的检验处，而不应在平面上移动，以防止磨损直尺的测量面。

五、曲面的锉削

1. 凸圆弧面的锉削方法

（1）顺向滚锉法。锉削时，锉刀需要同时完成两个运动，即锉刀的前进运动和锉刀绕工件圆弧中心的转动。锉削开始时，一般选用小锉纹号的扁锉用左手将锉刀置于工件的左侧，右手握柄抬高，接着右手下压推进锉刀，左手随着上提且仍施加压力。如此往复，直到圆弧面基本成形。顺着圆弧锉能得到较光洁的圆弧面。

（2）横向滚锉法。锉刀的主要运动是沿着圆弧的轴线方向做直线运动，同时锉刀不断地沿着圆弧面摆动。用这种方法，锉削效率高，便于按划线均匀地锉近弧线，但只能锉成近似弧面的多棱形面，故多用于圆弧面的粗锉。

2. 凹圆弧的锉削方法

锉刀要同时完成三个运动：①沿着轴向做前进运动，以保证沿轴向方向全程切削；②向左或向右移动半个至一个锉刀直径，以避免加工表面出现棱角；③绕锉刀轴线旋转，若只有前面两个运动而没有后面这一转动，锉刀的工作面仍不是沿着工件圆弧的切线方向运动。

3. 球面的锉法

锉削球面的方法是：锉刀一边沿凸圆弧面做顺向滚锉动作，一边绕球面的球心和同周向做摆动。

六、锉削时产生废品的形式、原因及预防方法

1. 工件夹坏

（1）台虎钳钳口太硬，将工件表面夹出凹痕。措施：夹精加工工件时应用铜钳口。

（2）夹紧力太大将空心件夹扁。措施：夹紧力要适当，夹薄壁管最好用弧形木垫。

（3）薄而大的工件未夹好，锉削时变形。措施：对薄而大的工件要用辅助工具夹持。

2. 平面中凸

锉削时锉刀摇摆。措施：加强锉削技术的训练。

3. 工件尺寸太小

（1）划线不正确。措施：按图样尺寸正确划线。

（2）锉刀锉出加工界线。措施：少锉多测量，对每次锉削量要做到心中有数。

4. 表面不光洁

（1）锉刀粗细选择不当。措施：合理选用锉刀。

（2）锉屑嵌在锉刀中未及时清除。措施：经常清除锉屑。

5. 不应锉的部分被锉掉

（1）锉垂直面时未选用光边锉刀。措施：应选用光边锉。

（2）锉刀打滑锉伤邻近表面。措施：注意清除油污等引起打滑的因素。

七、锉削时安全文明生产

（1）不使用无木柄或裂柄锉刀锉削工件，锉刀柄应装紧，以防止手柄脱出后，锉舌把手刺伤。

（2）锉工件时，不可用嘴吹铁屑，以防飞入眼内。也不可用手清除铁屑，应用刷子

扫除。

（3）放置锉刀时不能将其一端露出钳工台外面，以防锉刀跌落而把脚扎伤。

（4）锉削时，不可用手摸被锉过的工件表面，因手上的油污会使锉削时锉刀打滑或手被毛刺扎到，从而造成事故。

锯 削

用手锯对材料或工件进行分割或锯槽等加工的方法，适用于较小材料或工件的加工，如将材料锯断、锯掉工件上的多余部分、在工件上锯槽等。

一、手锯的组成

手锯由锯弓和锯条组成。

1. 锯弓

用途：张紧锯条。

类型：①固定式：弓架是整体的，只能安装一种长度的锯条。②可调式：弓架分为两个部分，长度可以调节，能安装几种长度的锯条，夹头上的销子插入锯条的安装孔后，可以通过旋转翼形螺母来调节锯条的张紧程度。

2. 锯条

用途：直接锯削材料或工件的刃具。

规格：以两端孔的中心距来表示，常用规格为 300mm。

3. 锯路

在制造锯条时所有的锯齿按照一定的规则左右错开排成一定的形状，称为锯路。有交叉形、波浪形。

锯路的形成能使锯缝的宽度大于锯条背部的厚度，使得锯条在锯割时不会被锯缝夹住，以减少锯缝与锯条之间的摩擦，减轻锯条的发热与磨损，延长锯条的使用寿命，提高锯削的效率。

4. 锯齿的粗细及其选择

锯齿的粗细用每 25mm 长度内齿的个数来表示。常用的有 14、18、24 和 32 等几种，齿数越多，锯齿就越细。锯齿粗细的选择应根据材料的硬度和厚度来确定，以使锯削工作既省力又经济。

（1）粗齿锯条。适用于锯软材料和较大表面的材料，因为在这种情况下每一次推锯都会产生较多的切屑，这就要求锯条有较大的容屑槽，以防产生堵塞现象。

（2）细齿锯条。适用于锯硬材料及管子或薄壁材料。对于硬材料，一方面，由于锯齿不易切入材料，切屑少不需要大的容屑槽；另一方面，由于细齿锯条的锯齿较密，能使更多的齿同时参加切削，使得每一个齿的切削量小而容易实现切削。对于薄壁材料或管子，主要是为了防止锯齿被钩住甚至使锯条折断。

二、锯条的安装

（1）安装方向：齿尖朝前。由于手锯在向前推进时进行切削，回程时不起切削作用，故安装时，锯齿的切削方向应朝前。

（2）安装松紧：由翼形螺母调节。太松：锯条易扭曲折断，锯缝易歪斜；太紧：预拉伸力太大，稍有阻力易崩断。

（3）安装位置：锯弓与锯条尽量保持在同一中心面内。

三、工件的夹持

（1）工件夹在台虎钳的左侧。

（2）伸出台虎钳的部分不应太长（20mm 左右）。

（3）锯缝处于竖直方向。

（4）工件要夹紧，同时避免夹坏工件。

四、锯削要领

1. 手锯的握法

右手握柄，左手扶住锯弓前端。

2. 锯削时的姿势

基本上与锉削的姿势相同，两脚距离稍近，推锯时身体稍微向前倾。

3. 锯削时的压力

推力、压力均由右手控制，左手扶正锯弓，几乎不加压力只起一个导向的作用。推锯时加压力，回锯时不加压力。

4. 锯削行程与速度

（1）锯削的行程应为锯条长度的 2/3，不宜太短。

（2）速度：20~40 次/分。锯削硬材料速度应慢一些，锯削软材料速度可以快一些。切削行程即推时速度应慢一些，空行程即拉时速度可以快一些。

5. 锯削时锯弓的运动方式

（1）直线式。适用于锯割要求锯缝底面平直的槽、薄壁零件。

（2）摆动式。推时：左手上翘，右手下压。退时：右手上抬，左手自然浮动。

五、起锯方法（远起锯和近起锯）

（1）起锯角度。起锯的角度一般不大于 15°。太大：不易平稳，锯齿易被工件的棱边崩断；太小：不易切入。

（2）起锯方法的选择。常用远起锯的方法锯削加工尖角材料，若采用近起锯，锯齿易被工件的棱边卡住，卡住时可以将锯弓回拉多次后，然后再做推进运动。

六、锯条损坏的形式及原因

为了提高锯割的质量，防止锯条损坏。下面总结一下锯条损坏以及废品的形成原因：

1. 锯齿崩断的原因与预防措施

（1）锯齿的粗细选择不当。措施：根据工件的材料硬度选择锯条的粗细，锯薄板或薄壁管时，选择细齿锯条。

（2）起锯的方法不正确。措施：起锯角度要适中，远起锯时用力要适中。

（3）突然碰到砂眼、杂质或突然加大压力。措施：碰到砂眼、杂质时，用力要减小，锯削时切勿突然加大压力。

2. 锯条折断的原因与预防措施

（1）锯条安装不当。措施：调整锯条到适当的松紧状态。

（2）工件装夹不正确。措施：工件装夹要牢固，伸出端尽量短。

（3）强行纠正歪斜的锯缝。措施：锯缝歪斜后，将工件调向再锯，不可调向的要逐步纠正。

（4）用力太大或突然加压力。措施：用力均匀、适当。

（5）新换的锯条在旧锯缝内受卡被折断。措施：新换锯条后要将工件调向再锯，若不能调向，要较轻较慢地过渡，待锯缝变宽后再正常锯削。

3. 锯齿过早磨损的原因与预防措施

（1）锯削的速度太快。措施：锯削速度要适当。

（2）锯削硬材料时未进行冷却、润滑。措施：锯削钢件时应加机油，锯铸铁时加柴油，锯其他金属材料时可以加切削液进行冷却、润滑。

七、锯削时产生废品的形式、主要原因及预防措施

1. 锯缝歪斜

（1）锯条安装得过松。措施：调整锯条到适当的松紧状态。

（2）目测不及时。措施：安装工件时使锯缝的划线与钳口的外侧平行，锯削过程中经常进行目测。扶正锯弓按线锯削。

2. 尺寸过小

（1）划线不正确。措施：按照图样正确划线。

（2）锯削线偏离划线。措施：起锯和锯削过程中始终使锯缝与划线重合。

3. 起锯时工件表面被拉毛

起锯的方法不对。措施：起锯时左手大拇指要挡好锯条，起锯角度要适当。待有一定的深度后再正常锯削以免锯条弹出。

典型工作任务四　孔加工（钻、锪、扩、铰、攻螺纹）

　　厂方需要按图 4-1 所示图纸加工一批小型变速箱端盖，要求在两周内完成 40 套，并经检验合格后交钳工车间验收。

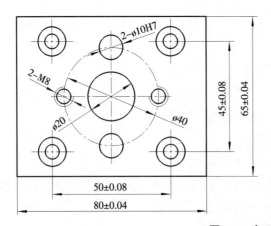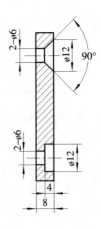

图 4-1　加工图纸

任务评价

序号	学习活动	评价内容					权重(%)
		活动成果(40%)	参与度(10%)	安全生产(20%)	劳动纪律(20%)	工作效率(10%)	
1	接受工作任务，明确工作要求	图形绘制，资料查阅情况	活动记录	工作记录	教学日志	完成时间	10
2	制定工艺卡，明确加工步骤和方法	工艺及步骤的编写情况	活动记录	工作记录	教学日志	完成时间	30
3	制作端盖并检验	制作效果及检验结果	活动记录	工作记录	教学日志	完成时间	40

续表

序号	学习活动	评价内容					权重(%)
		活动成果(40%)	参与度(10%)	安全生产(20%)	劳动纪律(20%)	工作效率(10%)	
4	工作总结与评价	总结情况，评价的公正性	活动记录	工作记录	教学日志	完成时间	20
总　计							100

学习活动一　接受工作任务，明确工作要求

 学习目标

- 按照规定领取工作任务；
- 能借助周边所有信息查阅零件所用材料、用途、性能与分类属性；
- 能识读零件的三视图，并表述出零件的形状、尺寸、公差等信息及意义；
- 能按照国家标准绘制出三视图。

 **学习过程**

一、学习准备

分小组领取生产任务单并签字确认，在组长带领下完成以下项目：

（1）按合适的比例，每位同学绘制一份图纸以方便生产。

（2）读懂图纸，并表述出零件的形状、尺寸、公差等信息及意义。

二、引导问题

（1）什么是孔加工，孔加工的原理是什么？

（2）麻花钻的组成及类型。

（3）钻孔前工件划线的位置和尺寸有什么要求？

（4）钻孔时，工件是用手拿着吗？为什么？

（5）如何选择、计算钻床转速？

选择钻床转速时，要先确定钻头的允许切削速度 v。用高速钢钻头钻铸铁时，v=14~22m/min；钻钢件时，v=16~24m/min；钻青铜时，v=30~60m/min。当工件材料的硬度较高时取小值（铸铁以 HB=200 为中值，钢以 σ_b=700MPa 为中值）；钻头直径小时也取小值（以 d=16mm 为中值）；钻孔深度 L>3d 时，还应将取值乘以 0.7~0.8 的修正系数。求出钻床转速 n。

$$n = \frac{1000v}{\pi d} \ (r/min)$$

其中，v 为切削速度（m/min）；d 为钻头直径（mm）。

（6）钻孔前为什么要打样冲眼？打多深合适？

（7）钻孔时应注意哪些安全事项？

（8）什么是锪孔？有什么作用？

（9）锪孔时有哪些注意事项？

（10）什么是铰孔，有什么作用？

（11）怎样计算铰孔余量或底孔尺寸？

（12）铰削有哪些操作方法？

（13）铰孔时有哪些注意事项？

（14）什么是攻丝？

（15）下图丝锥由哪几部组成，分别有什么功能？

(16) 攻丝有什么作用?

(17) 如何计算攻丝前的底孔尺寸?

(18) M10 的丝锥有几支，怎么区分使用?

(19) 简述攻丝的方法。

(20) 攻丝有哪些注意事项?

学习活动二 制定工艺卡，明确加工步骤和方法

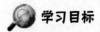 **学习目标**

- 结合工厂生产要求，了解钻床的特性、使用方法以及保养方法；
- 了解钻头的种类和使用方法；
- 学会文明生产。

 **学习过程**

（1）各小组阅读生产任务图纸，明确工作任务。

（2）查询资料或咨询，明确端盖的用途及各孔的技术要求和加工方法。

（3）各小组成员认真填写工艺卡，制定加工步骤和方法。

孔加工工艺卡

组名：（_____）

班级		组 长		成员					
材料		毛坯尺寸							安全事项
工序	工序内容	设备和工具	量 具	加工步骤					
1	外形尺寸加工								
2	各孔中心确定								
3	检查								
4	加工 ø20 孔								
5	加工 ø10H7 孔								
6	加工 M8 孔								
7	加工 90°锪孔								
8	加工平底锪孔								
9	孔加工完后，毛刺处理								

（4）了解平面划线和立体划线的方法，以及划线工具的种类。

（5）查阅钻头的种类和使用方法，以及钻头的组成、几何形状，刃磨，工件的装夹，钻孔时钻床转速的计算。

（6）查阅孔的种类及加工方法。

学习活动三　制作端盖并检验

 学习目标

- 理论结合实际，锻炼动手能力；
- 充分发扬团体合作精神；
- 做到安全文明生产。

 **学习过程**

（1）在安全文明情况下操作，在老师的示范后进行划线；

（2）经示范后，一人一机进行钻孔，相互检验质量；

（3）各小组相互合作，圆满完成任务。

工具：游标卡尺、检测螺丝、刀口角尺。

孔加工评分标准

序号	项目技术要求	配分	评分标准	自评(10%)	互评(30%)	教师评分(60%)	得分
1	80±0.04mm	10	超差不得分				
2	65±0.04mm	10	超差不得分				
3	50±0.08mm（2处）	10	超差每处扣5分				
4	45±0.08mm（2处）	10	超差每处扣5分				
5	φ40±0.1mm	10	超差不得分				
6	φ6-φ12（4处）	16	不同心1处扣2分 螺丝检测，孔不齐平1处扣2分				
7	2-M8	10	螺丝检测与端面不垂直1处扣5分				
8	2-φ10H7	10	孔内表面不光滑1处扣5分				
9	各孔分布		孔加工位置有误1处扣10分				
10	锐边处理	4	2处以上不处理锐边不得分				
11	安全文明生产	10	酌情扣分				
合　计							

学习活动四 工作总结与评价

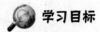 **学习目标**

- 能清晰合理地撰写总结；
- 能有效进行工作反馈与经验交流。

 **学习过程**

一、学习准备

任务书、数据的对比分析结果。

二、引导问题

(1) 请简单写出本次工作最大的收获。

(2) 写出本次学习任务过程中存在的问题并提出解决方法。

(3) 本次学习任务中你做得最好的一项或几项内容是什么？

（4）完成工作总结并提出改进意见。

评价与分析

活动过程评价表

班级：_____　姓名：_____　学号：_____号　_____年___月___日

	评价项目及标准	分　数	自我评价 (10%)	小组评价 (30%)	教师评价 (60%)
操作 技能	1. 检测工量具的正确规范使用	10			
	2. 动手能力强，理论联系实际，善于灵活应用	10			
	3. 检测的速度	10			
	4. 熟悉质量分析、结合实际，提高自己的综合实践能力	10			
	5. 检测的准确性	10			
	6. 通过检测，能对加工工艺进行合理性分析	10			
实习 过程	1. 查阅、收集资料情况 2. 任务完成情况 3. 成果展示情况 4. 纪律观念 5. 实训安全操作 6. 检测工件规范情况 7. 平时出勤情况 8. 检测完成质量 9. 检测的速度与准确性 10. 每天对工量具的整理保管及场地卫生清扫情况	30			
情感 态度	1. 师生互动 2. 良好的劳动习惯 3. 组员的交流、合作 4. 动手操作的兴趣、态度、积极主动性	10			
小　计		100			
总　计					
工件检测得分			综合测评得分		
简要 评述					

注：综合测评得分=总计×50%+工件检测得分×50%。

任课教师签字：_____

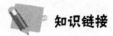 **知识链接**

根据孔的用途不同，其加工方法分为两类：

（1）在实心材料上加工出孔，即采用麻花钻等进行钻孔。

（2）对已存在的孔进行加工，即扩孔、锪孔、铰孔。

钻削运动：钻头与工件间的相对运动。

主运动：将切屑切下所需要的基本运动，即钻头的旋转运动。

进给运动：使被切削金属材料继续投入切削的运动，即钻头的直线移动。

一、麻花钻

1. 麻花钻的构造

麻花钻由柄部、颈部、工作部分组成。钻头大于 6~8mm 时，工作部分用高速钢焊接、淬硬，柄部用 45# 制造。

（1）柄部：钻头的夹持部分。

作用：传递扭矩和轴向力，使钻头的轴心线保持正确的位置。

种类：①直柄。只能用钻夹头夹持，传递扭距小。直径小于 13mm。②锥柄。可以传递较大的扭矩。扁尾用来防止锥柄在锥孔内打滑，增加传递的扭矩，便于钻头从主轴孔中或钻套中退出。

（2）颈部。

作用：在磨削钻头时供砂轮退刀用，还可以刻印钻头的规格、商标和材料。

（3）工作部分：由切削部分和导向部分组成。

作用：切削部分承担主要的切削工作。导向部分在钻孔时起引导钻削方向和修光孔壁的作用，同时也是切削部分的备用段。

切削部分的六面、五刃：

六面：

a. 两个前刀面：切削部分的两螺旋槽表面。

b. 两个后刀面：与工件切削表面相对的曲面。

c. 两个副后刀面：与已加工表面相对的钻头两棱边。

五刃：

a. 两条主切削刃：两个前刀面与两个后刀面的交线。

b. 两条副切削刃：两个前刀面与两个副后刀面的交线。

c. 一条横刃：两个后刀面的交线。

导向部分：

a. 螺旋槽：排屑、输送冷却液。

b. 棱边：减少钻头与孔壁的摩擦兼导向作用。

c. 钻心：刀瓣中间的实心部分，保证强度和刚度。

2. 麻花钻的切削角度

为了研究麻花钻的切削角度我们必须和研究錾子时一样建立辅助平面：

（1）辅助平面。①基面。通过切削刃上的一点并和该点切削速度方向垂直的平面（钻头主切削刃上各点的基面过圆心）。②切削平面。通过主切削刃上的点并与工件加工表面相切的平面。③主截面。通过主切削刃上的点并同时和基面、切削平面垂直的平面。

（2）顶角 2ϕ。顶角又称峰角或顶夹角，为两条主切削刃在其平行的平面上投影的夹角。顶角大小根据加工的条件决定。一般 $2\phi = 118° \pm 2°$。

$2\phi = 118°$ 时，主切削刃呈直线形；

$2\phi < 118°$ 时，主切削刃呈外凸形；

$2\phi > 118°$ 时，主切削刃呈内凹形。

影响： 2ϕ 增大，轴向力增大，扭矩减小； 2ϕ 减小，轴向力减小，扭矩增大，导致排屑困难。

（3）螺旋角 ω。麻花钻的螺旋角是指主切削刃上最外缘处螺旋线的切线与钻头轴心线之间的夹角。

螺旋角的大小：在钻头的不同半径处螺旋角的大小是不等的。钻头外缘的螺旋角最大，越靠近钻心，螺旋角越小（相同的钻头，螺旋角越大，强度越低）。

（4）前角 γ。主切削刃上任意一点的前角，是指在主截面 N–N 中，前角与基面的夹角。主切削刃上各点的前角不等。外缘处的前角最大，一般为 30° 左右，自外缘向中心处前角逐渐减小。约在中心 d/3 范围内为负值，接近横刃处前角为 –30°，横刃处 $\gamma_{0\psi} = -60°\sim-54°$（前角越大，切削越省力）。

（5）后角 α_0。钻头切削刃上某一点的后角是指在圆柱截面内的切线与切平面之间的夹角。主切削刃上各点的后角不等。刃磨时，应使外缘处后角较小（$\alpha_0 = 8°\sim14°$），越靠近钻心后角越大（$\alpha_0 = 20°\sim26°$），横刃处 $\alpha_0 = 30°\sim36°$（后角的大小影响着后刀面与工件切削表面的摩擦程度。后角越小，摩擦越严重，但切削刃强度越高）。

（6）横刃斜角 ψ。在垂直于钻头轴线的端面投影中，横刃与主切削刃之间的夹角。标准麻花钻 $\psi = 50°\sim55°$。横刃斜角的大小与靠近钻心处的后角的大小有着直接关系，近钻心处的后角磨得越大，则横刃斜角就越小。反过来说，如果横刃斜角磨得准确，则近钻心处的后角也是准确的。

（7）副后角。副后刀面与孔壁之间的夹角。标准麻花钻的副后角为 0°。

（8）横刃长度 b。横刃的长度不能太长也不能太短。太长会增加钻削时的轴向阻力。太短会降低钻头的强度。标准麻花钻的横刃长度 b=0.18D。

（9）钻心厚度 d。钻心厚度是指钻头的中心厚度。钻心厚度过大时，自然增大横刃长度 b，而厚度太小又削弱了钻头的刚度。为此，钻头的钻心做成锥形，即由切削部分逐渐向柄部增厚（标准麻花钻的钻心厚度为：切削部分 d=0.125D，柄部 d=0.2D）。

二、钻孔

钳工的钻孔方法与生产的规模有关：大批生产时，借助夹具保证加工位置的正确性；小批或单件生产时，只需要借助划线来保证其加工位置的正确。

（一）一般工件的加工方法

准备：钻孔前把工件中心位置的样冲眼用样冲冲大一些，使钻头不易偏离中心。

1. 试钻

起钻的位置是否正确，直接影响到孔的加工质量。起钻前先把钻尖对准中心孔，然后启动主轴先试钻一浅坑，看所钻的锥坑是否与所划的圆周线同心，如果同心可以继续钻下去，如果不同心，则要借正后再钻。

2. 借正

当发现所钻的锥坑与所划的圆周线不同心时，应及时借正。一般靠移动工件的位置来借正。当在摇臂钻床上钻孔时，要移动钻床的主轴。如果偏移量较多，也可以用样冲或油槽錾在需要多钻去材料的部位錾上几条槽，以减少此处的切削阻力而让钻头偏过来，达到借正的目的。

限位限速：当钻通孔即将钻通时，必须减少进给量，如果原来采用自动进给，此时最好改成手动进给。因为当钻尖刚钻穿工件材料时，轴向阻力突然见效，钻床进给机构的间隙和弹性变形突然恢复，将使钻头以很大的进给量自动切入，从而造成钻头折断或钻孔质量降低等现象。

如果钻不通孔，可按孔的深度调整挡块，并通过测量实际尺寸来检查挡块的高度是否准确。

3. 直径超过 30mm 的大孔可分两次切削

先用 0.5~0.7 倍的钻头钻孔，然后再用所需孔径的钻头扩孔。这样既可以减少轴向力，保护机床钻头，又能提高钻孔的质量。

4. 深孔的钻削要注意排屑

一般当钻进的深度达到直径的 3 倍时，钻头就要退出排屑。且每钻进一定的深度，钻头就要退出排屑一次，以免钻头因切屑阻塞而扭断。

（二）在圆柱形工件上钻孔的方法

1. 孔的中心线与工件上的中心线对称度要求较高

钻孔前在钻床主轴下安放 V 形铁来支撑工件，再在钻头夹上夹一个定心工具，并用百分表找正定心工具，V 形铁的对称线与工件钻的孔的中心线必须校正到与钻床主轴的中心线在同一条垂线上。然后进行试钻和钻孔。

2. 孔的中心线与工件上的中心线对称度要求不高

可以不用定心工具，而利用钻头的钻尖来找正 V 形架的位置。再利用 90°角尺借正工件端面的中心线，并使钻尖对准钻孔中心，进行试钻和钻孔。

（三）在斜面上钻孔的方法

由于钻头在单向径向力的作用下，切削刃受力不均匀而产生偏切现象，致使钻孔偏歪、滑移，不易钻进，即使勉强钻进，钻出的孔的圆度和中心轴线的位置也难以保证，甚至可能折断钻头。

在斜面上钻孔可采用以下方法：

（1）先用立铣刀在斜面上铣出一个水平面，然后再钻孔。

（2）用錾子在斜面上錾出一个小平面后，先用中心钻钻出一个较大的锥坑，或先用小钻头钻出一个浅孔，再钻孔时钻头的定心就较为可靠了。

（四）钻半圆孔的方法

1. 相同材料的半圆孔的钻法

当相同材质的两工件边缘需要钻半圆孔时，可以把两个工件合起来，用台虎钳夹紧。若只需要做一件，可以用一块相同的材料与工件合并在一起在台虎钳内进行钻削。

2. 不同材料的半圆孔的钻法

在两件不同材质的工件上钻骑缝孔时，可以采用"借料"的方法来完成。即钻孔的孔中心样冲眼要打在略偏向硬材料的一边，以抵消因阻力小而引起的钻头的偏移。

3. 使用半孔钻

半孔钻是把标准麻花钻切削部分的钻心修磨成凹凸形，以凹为主，突出两个外刃尖，使钻孔时切削表面形成凸肋，限制了钻头的偏移，因而可以进行单边切削。为防止振动，最好采用低速手动进给。

（五）钻孔时的安全文明生产

（1）钻孔前要清理工作台，使用的刀具、量具和其他物品不应放在工作台面上。

（2）钻孔前要夹紧工件，钻通孔时要垫垫块或使钻头对准工作台的沟槽，防止钻头损坏工作台。

（3）通孔快要被钻穿时，要减小进给量，以防止产生事故。因为快要钻通工件时，轴向阻力突然消失，钻头走刀机构恢复弹性变形，会突然使进给量增大。

（4）松紧钻夹头应在停车后进行，且要用"钥匙"来松紧而不能敲击。当钻头要从钻头套中退出时要用斜铁敲击。

（5）钻床需要变速时要停车后变速。

（6）钻孔时，应该戴安全帽，而不可戴手套。

三、扩孔

1. 扩孔的概念及加工特点

扩孔是指用扩孔钻或麻花钻等扩孔工具扩大工件孔径的方法。

(1) 扩孔时的切削深度 (a_p):

$$a_p = (D-d) \div 2$$

其中，D 为扩孔后的直径 (mm)，d 为工件上已有孔的直径 (mm)。

(2) 扩孔加工的特点：①切削深度比钻孔时小，轴向阻力小。②避免了有横刃切削时所引起的不良影响。③产生的切屑体积小，排屑容易。

2. 扩孔钻的结构特点

(1) 扩孔钻的结构特点：①没有横刃，切削刃不必自外缘到中心。②切屑体积小，所以容屑槽较小，使钻心加粗。③扩孔钻有较多的刀齿，导向作用好。④由于切削深度较小，所以可以有较大的前角，省力。

(2) 扩孔精度。扩孔的精度高于钻孔的精度。尺寸精度：IT10~IT9，表面粗糙度：Ra12.5~Ra3.2。

(3) 扩孔时的切削用量：

切削深度 (a_p):

$$a_p = (D-d) \div 2$$

进给量 (f)：f 为钻孔时的 1.5~2 倍。

切削速度 (V_c)：V_c 为钻孔时的 1/2。

(4) 扩孔钻的适用范围。扩孔钻适用于成批大量的生产。在一般情况下可以采用麻花钻来代替扩孔钻。

四、锪孔

1. 锪孔的定义、类型及目的

用锪削的方法在孔口表面用锪钻加工出一定形状的孔的加工方法叫做锪孔。

(1) 锪孔的类型。锪孔的类型主要有：圆柱形沉孔、圆锥形沉孔以及锪孔口的凸台。

(2) 锪孔的目的。为了保证孔与连接件具有正确的相对位置，使连接可靠。

2. 锪钻的种类和特点

锪钻的种类：柱形、锥形、端面锪钻。

(1) 柱形锪钻。

作用：锪圆柱形沉孔。

结构：端面刀刃为主切削刃；前角即螺旋槽的斜角；外圆柱面上的刀刃是副切削刃；导柱有装卸式和整体式。

（2）锥形锪钻。

作用：锪锥形埋头孔。

结构：锥角有 60°、75°、90°、120°

齿数：d=12~60mm，齿数 4~12 个。

γ_0：0°。

α_0：6°~8°。

为了改善钻尖处的容屑条件，每隔一齿将刀刃切去一块。

（3）端面锪钻。

作用：锪平孔口端面，保证孔的端面与孔的轴心线垂直。

3. 用麻花钻改磨锪钻

（1）用标准麻花钻改磨成柱形锪钻，导向直径与已有孔采用间隙配合。α_0=8°左右。

（2）用标准麻花钻改磨成锥形锪钻，锥角磨成所需要的角度，α 小些，后刀面宽度为 1~2mm，两切削刃要对称。

4. 锪孔加工时的注意事项

（1）避免刀具振动，保持锪钻具有一定的刚度，当使用麻花钻改磨的锪钻时，要使刀杆尽量短。

（2）防止产生扎刀现象，适当减小锪钻的后角和外缘处的前角。

（3）切削速度要低于钻孔时的速度（一般选用钻孔速度的 1/3~1/2）。精锪时甚至可以利用停车后的钻轴惯性来进行。

（4）锪钻钢件时，要对导柱和切削表面进行润滑。

（5）注意安全生产，确保刀杆和工件装夹可靠。

五、铰孔

从加工精度上来看，钻孔属于粗加工，锪孔属于半精加工，铰孔属于精加工。

1. 铰孔的定义

铰孔是用铰刀从工件的孔壁上切除微量金属，以得到精度较高的孔的加工方法。

2. 铰刀的种类

按照使用方式分：手用铰刀、机用铰刀。

按照铰孔的形状分：圆柱铰刀、圆锥铰刀。

按照铰刀容屑槽分：直槽铰刀、螺旋槽铰刀。

按照结构分：整体式铰刀、可调式铰刀。

按照材质分：高速钢铰刀、工具钢铰刀、硬质合金铰刀。

（1）标准圆柱铰刀。标准圆柱铰刀由工作部分（切削部分、校准部分）、颈部、柄部组成。

主要结构参数（详细讲解）：

a. 切削锥角 2ψ。

b. 前角 γ。

c. 后角 α。

d. 校准部分棱边宽度 f。

e. 齿数 z。

f. 铰刀直径 D。

（2）可调铰刀：①锥铰刀。②螺旋槽铰刀。③硬质合金机用铰刀。

3. 铰削用量

铰削用量包括余量 2t、切削速度 v 和进给量 f。

（1）铰削余量 2t。上道工序加工后留下的直径方向的加工余量。

铰削余量太小：上道工序残留下来的变形难以改正，铰刀啃刮严重，增加了铰刀的磨损。

铰削余量太大：破坏铰削的稳定性，加工表面粗糙。

铰削余量选择时考虑的因素：铰孔的精度、表面粗糙度、孔径的大小、材料的软硬、铰刀的材料。

（2）铰削时的切削速度 v 和进给量 f。铰削速度和进给量对加工的影响：太大时铰刀易磨损，易产生积屑瘤。太小时刀齿以很大的压力推挤被切削的材料，产生塑性变形和表面硬化。

4. 孔的切削与润滑

由于铰削时产生的切屑较细碎，易粘附在刀刃上或铰刀与孔壁之间，使已加工表面被拉毛，使孔径扩大，散热困难，易使铰刀和工件变形、磨损。如果在铰削时加入适当的切削液，就可以及时对切屑进行冲洗，对刀具、工件表面进行冷却和润滑，以减小变形，延长刀具的使用寿命，提高铰孔的质量。

5. 铰孔的工作要领

（1）装夹要可靠，将工件夹正，对薄壁零件，要防止夹紧力过大而将孔夹扁。

（2）手铰时，两手用力要平衡、均匀、稳定，以免在孔的进口处出现喇叭孔或孔径扩大；进给时不要猛力推压铰刀，而应一边旋转，一边轻轻加压，否则孔表面会很粗糙。

（3）铰刀只能顺转，否则切屑扎在孔壁和刀齿后刀面之间，既会将孔壁拉毛，又易使铰刀磨损，甚至崩裂刀。

（4）当手铰刀被卡住时，不要猛力扳转铰手。而应及时取出铰刀，清除切屑，检查铰刀后再继续缓慢进给。

（5）机铰退刀时，应先退出刀后再停车。铰通孔时，铰刀的标准部分不要全部出头，以防止孔的下端被刮坏。

机铰时要注意机床主轴、铰刀和待铰孔三者的同轴度是否符合要求，对高精度孔，必要时可以采用浮动铰刀夹头装夹铰刀。

六、攻螺纹

攻螺纹：用丝锥在孔中切削加工内螺纹的方法。

1. 攻螺纹的工具（丝锥）

丝锥又称螺丝攻，是一种加工内螺纹的刀具。

常用材料：高速钢，碳素工具钢，合金工具钢。

（1）丝锥的种类。按照加工螺纹的种类不同分为：普通三角螺纹丝锥、英制螺纹丝锥、圆柱螺纹丝锥、圆锥管螺纹丝锥、板牙丝锥、螺母校准丝锥、特殊螺纹丝锥等。

按照加工方法分为：机用丝锥、手用丝锥。GB3464-83 规定手用和机用普通螺纹丝锥有粗牙、细牙之分，有粗柄、细柄之分，有单支、成组之分，有等径、不等径之分。

（2）丝锥的结构。丝锥由工作部分和柄部组成。工作部分包括切削部分和校准部分。切削部分磨出锥角，使切削负荷分布在几个刀齿上，这不仅可使工作省力，同时不易产生崩刃或折断，而且攻螺纹时引导作用较好，也保证了螺孔的表面粗糙度。校准部分具有完整的齿形，用来校准已切出的螺纹，并引导丝锥沿着轴向前进。柄部有方榫，用来传递切削扭矩。

（3）成套丝锥切削用量的分配。在实际应用过程中使用成套丝锥的目的是为了减小切削力、提高丝锥的耐用度。

切削量的分配方式有锥形分配、柱形分配两种。

锥形分配（等径分配）：结构特点为每支的大径、中径、小径都相等，切削部分的长度和锥角不同。

柱形分配（不等径分配）：结构特点为头锥、二锥的大径、中径、小径都比三锥的小，头锥、二锥的中径一样，大径不一样，头锥的大径小、二锥的大径大。

（4）丝锥的螺纹公差带。

丝锥的螺纹公差带有四种：H1、H2、H3、H4。

其中，机用丝锥的公差带为 H1、H2、H3；手用丝锥的公差带为 H4。

2. 攻螺纹的工具（铰杠）

作用：夹持丝锥。

种类：普通铰杠（固定铰杠和活铰杠）、丁字铰杠（固定式和可调节式）。

3. 攻螺纹的工具（保险夹头）

作用：在钻床上攻螺纹时，通常用保险夹头来夹持丝锥，以免当丝锥的负荷过大或攻制不通孔螺孔到达孔底时，产生丝锥折断或损坏工件等现象。

种类：①钢球式保险夹头。②锥体摩擦式保险夹头。

4. 攻螺纹的方法

（1）攻丝过程中材料的塑性变形。丝锥的切削刃除了起切削作用外，还对工件的材料产生挤压作用，被挤压出来的材料凸出工件螺纹牙型的顶端，嵌在丝锥刀齿根部的空隙中，此时，如果丝锥刀齿根部与工件螺纹牙型的顶端之间没有足够的空隙，丝锥就会被挤压出来的材料扎住，造成崩刃、折断和工件螺纹烂牙。因此攻螺纹时螺纹底孔直径必须大于标准规定的螺纹内径。

（2）螺纹底孔直径大小的确定。螺纹底孔直径应该根据工件材料的塑性和钻孔时的扩张量来考虑，使攻螺纹时既有足够的空隙来容纳被挤压出来的材料，又能保证加工出来的螺纹具有完整的牙型。

（3）攻不通孔螺纹时的钻孔深度 = 所需螺孔的深度 + 0.7D。

5. 攻螺纹的要点

（1）攻螺纹前螺纹底孔口要倒角，通孔螺纹底孔两端孔口都要倒角，使丝锥容易切入，并防止攻螺纹后孔口的螺纹崩裂。

（2）攻螺纹前工件的装夹位置要正确，应尽量使螺孔的中心线位于竖直位置。目的是在攻螺纹时便于判断丝锥是否垂直于工件表面。

（3）开始攻螺纹时，应把丝锥放正，用右手掌按住绞杠的中部沿丝锥中心线用力加压，此时左手配合做顺向旋进，并保持丝锥中心线与孔中心重合，不能歪斜。当切工件 1~2 圈时，用目测或角尺检查和校正丝锥的位置。当切削部分全部切入工件时，应停止对丝锥施加压力，只需要自然地旋转铰杠靠丝锥上的螺纹自然旋进。

（4）为了避免切屑过长咬住丝锥，攻螺纹时应经常将丝锥反方向转动 1/2 圈左右，使切屑碎断后容易排出。

（5）攻不通孔螺纹时要经常退出丝锥，排除孔中的切屑。当要攻到孔底时，更应及时排出孔底的切屑，以免攻到底时丝锥被扎住。

（6）攻通孔螺纹时，丝锥校准不应全部攻出头，否则会扩大或损坏孔口最后几牙螺纹。

（7）丝锥退出时，应先用铰杠带动螺纹平稳地反向转动，当能用手直接旋动丝锥时，应停止使用铰杠，以防止铰杠带动丝锥退出时产生摇摆和振动，破坏螺纹的粗糙度。

（8）在攻螺纹的过程中，换用另一根丝锥时，应该用手握住旋入已攻出的螺孔中。直到用手旋不动时，再用铰杠进行攻螺纹。

（9）在攻材料硬度比较高的螺孔时，应头锥、二锥交替攻制，这样可以减轻头锥切削部分的负荷，防止丝锥折断。

（10）攻塑性材料的螺孔时，要加切削液，以减少切削阻力和提高螺孔的表面质量，延长丝锥的使用寿命。一般用机油或浓度较大的乳化液，要求高的螺孔也可以用菜油或二硫化钼等。

攻螺纹前要选择合适的切削速度。当丝锥即将进入螺纹底孔时，进刀要慢，以防止丝锥与螺孔发生撞击。在螺纹切削部分开始攻螺纹时，应在钻床进刀手柄上施加均匀的压力，帮助丝锥切入工件。当切削部分全部切入工件时，应停止对进刀手柄施加压力，而靠丝锥螺纹自然旋进攻螺纹。

典型工作任务五　六角螺母制作

在接受加工任务后，查阅信息，做好加工前的准备工作，包括查阅螺母底孔直径的计算方法；准备工具、量具、润滑油、铰手，并做好安全防护措施。通过分析螺母的标记，确定牙型、公称直径、底孔直径、粗牙还是细牙；明确加工任务，制订合理的加工计划，分析加工工艺，确定加工顺序，完成螺母的加工过程，加工过程中清理、规范放置各工、量、器具。使用合理的加工方法正确按标记加工螺母，在工作过程中严格遵守锯、锉、分度头、台式钻床、攻丝等的操作规程，工作完成后按照现场管理规范清理场地、归置物品，并按照环保规定处置废油液等废弃物。

任务评价

序号	学习活动	评价内容					权重(%)
		活动成果(40%)	参与度(10%)	安全生产(20%)	劳动纪律(20%)	工作效率(10%)	
1	接受任务，制订加工计划	查阅信息单	活动记录	工作记录	教学日志	完成时间	10
2	加工前的准备	工、量具、设备清单	活动记录	工作记录	教学日志	完成时间	20
3	六角螺母的制作	划线、钻孔及六边的加工方法	活动记录	工作记录	教学日志	完成时间	40
4	产品质量检测及误差分析	螺母质量检测结果	活动记录	工作记录	教学日志	完成时间	20
5	工作总结与评价	总结情况	活动记录	工作记录	教学日志	完成时间	10
总　计							100

学习活动一 接受任务，制订加工计划

 学习目标

- 能接受任务，明确任务要求；
- 能用计算机绘制螺母图（按机械制图的标准）；
- 能制定螺母加工的工艺过程。

  建议学时：4课时；学习地点：微机教室

 学习过程

一、学习准备

六角螺母加工任务书、万能分度头、台式钻床。

二、引导问题

加工图纸如图 5-1 所示。

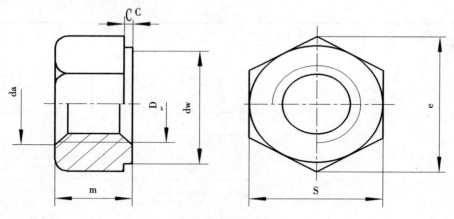

图 5-1 加工图纸

（1）根据图纸，计算出螺母所需要的底孔直径。

（2）写出万能分度头的正确操作方法。

（3）写出台式钻床的正确操作方法。

（4）根据你的分析，安排合理的加工工艺步骤。

序　号	开始时间	结束时间	工作内容	工作要求	备　注

（5）根据小组成员特点完成下表。

小组成员名单	成员特点	小组中的分工	备　注

（6）小组讨论记录（小组记录需有：记录人、主持人、日期、内容等要素）。

学习活动二　加工前的准备

 学习目标

- 准备锯弓、锉刀、铰刀、铰手等工量具；
- 能熟练操作万能分度头；
- 能认知台式钻床工作中所需的工具、量具及设备；
- 能自行刃磨麻花钻，正确使用砂轮机。

建议学时：2 课时；　学习地点：钳工一体化工作站

 学习过程

一、学习准备

六角螺母加工任务书。

二、引导问题

（1）如何计算螺母底孔直径？

（2）加工之前需要掌握的几个问题：

1）加工前的准备工作有哪些？

2）有几种万能分度头？中心高分别是多少？

3）钻孔时的注意事项有哪些？

三、常用工具

拉出器、拔销器、压力机、铜棒、手锤（铁锤、铜锤）、改锥（一字、十字）、扳手（呆扳手、梅花扳手、套筒扳手、活动扳手、测力扳手）、克丝钳。

（1）写出下列工具的名称和使用方法：

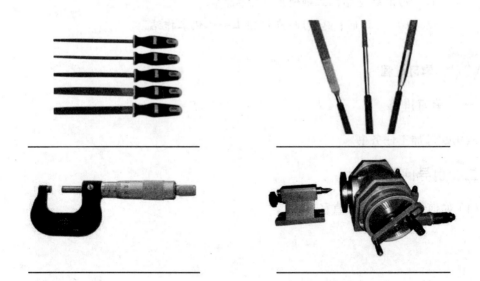

（2）列出加工所需要的工量具。

序 号	名 称	规 格	精 度	数 量	用 途
1					
2					
3					
4					
5					
6					
7					

学习活动三 六角螺母的制作

 学习目标

- 能按安全文明生产的要求及车间安全操作规程穿好工作服，戴好工作牌、工作帽，安全知识指导；
- 能正确使用分度头对螺母进行分度划线；
- 能记录加工中所遇到的问题，小组查找、分析讨论所遇问题产生的原因及解决措施。

建议学时：8课时；学习地点：钳工一体化工作站

 学习过程

一、学习准备

（1）按照车间安全文明操作规程及文明生产的各项要求，进车间安全文明生产。

（2）按工具清单准备设备及工具、量具、刀具、夹具。

二、引导问题

（1）分度头的分度方法有哪几种？

（2）如何在分度头上划出六角螺母的轮廓线？

（3）简述六角螺母的加工及检测方法。

学习活动四　产品质量检测及误差分析

 学习目标

- 能使用螺纹通止规对已加工好的螺纹进行检测；
- 能对台式钻床主轴轴向窜动、径向跳动进行检测；
- 能正确使用机用台虎钳对工件进行装夹，对主轴精度修复调整；
- 能刃磨麻花钻、会正确装拆麻花钻。

　建议学时：2课时；学习地点：钳工一体化工作站

 **学习过程**

一、学习准备

螺纹通止规、Z16 台式钻床使用说明书、机用台虎钳、麻花钻。

二、引导问题

（1）确定工具和量具。

	名　称	规　格	数　量	作　用	备　注
工具及量具					
其他					

（2）写出使用螺纹通止规检测螺纹时遇到的问题，分析其原因。

（3）台式钻床调整跳动的方法及步骤。

（4）对检测后的结果进行分析，找出导致加工后超差的原因。

（5）检测六角螺母的相关尺寸，填写下表：

序号	评分项目	评分要求	配分	得分	扣分	备注
1	六角螺母外形尺寸 S	S=24.25±0.1	10			
2	六角螺母外形尺寸 e	e=14±0.1	10			
3	六角螺母外形尺寸 m	m=10±0.15	10			
4	M12×1.5	用标准螺杆检测	20			
5	120 度夹角 6 个	120±1 度	18			
6	锉削纹路是否整齐	不整齐不得分	12			
7	工量具摆放整齐	加工过程中工量具摆放整齐	10			
8	安全文明	整个加工过程中无安全事故	10			
9	合　计					

学习活动五　工作总结与评价

 学习目标

- 能清晰合理地撰写总结；
- 能有效进行工作反馈与经验交流。

　建议学时：2 课时；学习地点：微机教室

 学习过程

一、学习准备

任务书、螺母标记的分类。

二、引导问题

（1）请写出本次工作总结的提纲。

（2）工作总结的组成要素及格式要求。

（3）总结本次学习任务过程中存在的问题并提出解决方法。

（4）本次学习任务中你做得最好的一项或几项内容是什么？

（5）完成工作总结，提出改进意见。

评价与分析

活动过程评价表

班级：_____ 姓名：_____ 学号：_____ _____年___月___日

评价项目及标准		分数	自我评价 (10%)	小组评价 (30%)	教师评价 (60%)
操作技能	1. 检测工量具的正确规范使用	10			
	2. 动手能力强，理论联系实际，善于灵活应用	10			
	3. 检测的速度	10			
	4. 熟悉质量分析、结合实际，提高自己的综合实践能力	10			
	5. 检测的准确性	10			
	6. 通过检测，能对加工工艺进行合理性分析	10			
实习过程	1. 查阅、收集资料情况 2. 任务完成情况 3. 成果展示情况 4. 纪律观念 5. 实训安全操作 6. 检测工件规范情况 7. 平时出勤情况 8. 检测完成质量 9. 检测的速度与准确性 10. 每天对工量具的整理保管及场地卫生清扫情况	30			
情感态度	1. 师生互动 2. 良好的劳动习惯 3. 组员的交流、合作 4. 动手操作的兴趣、态度、积极主动性	10			
小　计		100			
总　计					
工件检测得分			综合测评得分		
简要评述					

注：综合测评得分=总计×50%+工件检测得分×50%。

任课教师签字：_____

知识链接

一、万能分度头的使用方法

1. 分度头如何分 78 等分

可以采用简单分度法。简单分度是指利用定位销和分度盘来完成所能等分的分度。如要求的 78 等分，定位销（分度手柄）的转数 n=40（分度蜗轮齿数）÷78（等分数）=20÷39，选用 39 孔数的分度盘（环球牌分度头分度盘第一面），定位销（分度手柄）在 39 孔圈上转过 20 孔数，即完成 78 等分。

2. 分度头工作原理

如要求 25 等分，定位销（分度手柄）的转数 n = 40（分度蜗轮齿数）÷ 25（等分数）=1+15÷25，选用 25 孔数的分度盘（环球牌分度头分度盘第一面），定位销（分度手柄）在 25 孔圈上转过 1 圈过 15 孔数，即完成 25 等分。

3. 分度时注意分度头的间隙问题

传动比为 1/1 的直齿圆柱齿轮副传动，带动蜗杆转动，又经齿数为 1∶40 的蜗轮蜗杆副传动，带动主轴旋转分度。当分度头手柄转动一转时，蜗轮只能带动主轴转过 1÷40 转。这时分度手柄所需转过的转数 n 为：$1∶40=1/z∶n=40/z$。万能分度方法：如分度 z=35。每一次分度时手柄转过的转数为：$n=40÷z=40÷35=1\frac{1}{7}$，即每分度一次，

手柄需要转过 $1\frac{1}{7}$ 转。这 1/7 转是通过分度盘来控制的，一般分度头备有两块分度盘。

分度盘两面都有许多圈孔，各圈孔数均不等，但同一孔圈上孔距是相等的。第一块分度盘的正面各圈孔数分别为 24、25、28、30、34、37，反面为 38、39、41、42、43；第二块分度盘正面各圈孔数分别为 46、47、49、51、53、54，反面分别为 57、58、59、62、66。简单分度时，分度盘固定不动。此时将分度盘上的定位销拔出，调整孔数为 7 的倍数的孔圈上，即 42、49 均可。若选用 42 孔数，1/7=6/42。所以分度时，手柄转过一转后，再沿孔数为 42 的孔圈上转过 6 个孔间距。为了避免每次数孔的烦琐及确保手柄转过的孔数可靠，可调整分度盘上的两块分形夹之间的夹角，使之等于欲分的孔间距数，这样依次进行分度时就可以准确无误。

二、台式钻床安全操作规程

（1）操作员操作前必须熟悉机器的性能、用途及操作注意事项，生手严禁单独上机操作。

（2）操作人员要穿适当的衣服，不准戴手套。

（3）操作前先启动吸尘系统。

（4）开机前先检查电路牌上的电压和频率是否与电源一致。

（5）机床电源插头、插座上的各触脚应可靠，无松动和接触不良现象。

（6）电线要远离高温、油腻、尖锐边缘，机床要接地线，切勿用力猛拉插座上的电源线。

（7）当发生事故时，应立即切断电源，再进行维修。

（8）机床在工作或检修时，工作场地周围要装上防护罩。

（9）保持工作区内干净整洁，不要在杂乱、潮湿、微弱光线、易燃易爆的场所使用机床。操作者头发不宜过长，以免操作时卷入。

（10）不要进行超出最大切削能力的工作，避免机床超负荷工作。

（11）不要在疲劳状态下操作机器，保持机床竖直向上，请勿颠覆倾倒。

（12）定期保养机器，保持钻头锐度，切削时注意添加切削液。

（13）使用前，认真检查易损部件，以便及时修理或更换。

（14）钻孔径较大的孔时，应用低速进行切削。

（15）机器工作前必须锁紧应该锁紧的手柄，工件应夹紧可靠。

（16）操作人员因事要离开岗位时必须先关机，杜绝在操作中与人攀谈。

（17）机器运转异常时，应立即停机交专业人员检修，检修时确保电源断开。

（18）下班前必须把机器周围的铁屑清理干净，马达上不准积存铁屑，并做好设备的日常保养工作。

（19）此机器为专人专用机械，非操作人员严禁开机操作。

三、砂轮机安全操作规程

（一）使用前的准备

（1）砂轮机要由专人负责，车间管理员要经常检查，以保证正常运转。

（2）更换新砂轮时，应切断总电源，同时安装前应检查砂轮片是否有裂纹，若肉眼不易辨别，可用坚固的线把砂轮吊起，再用一根木头轻轻敲击，静听其声（金属声则优、哑声则劣）。

（3）砂轮机必须有牢固合适的砂轮罩，托架距砂轮不得超过 5mm，否则不得使用。

（4）安装砂轮时，螺母不得过松、过紧，在使用前应检查螺母是否松动。

（5）砂轮安装好后，一定要空转试验 2~3 分钟，看其运转是否平衡，保护装置是否妥善可靠，在测试运转时，应安排两名工作人员，其中一人站在砂轮侧面开动砂轮，如有异常，由另一人在配电柜处立即切断电源，以防发生事故。

（6）使用者要戴防护镜，不得正对砂轮，而应站在侧面。使用砂轮机时，不准戴手套，严禁使用棉纱等物包裹工具进行磨削。

（7）使用前应检查砂轮是否完好（不应有裂痕、裂纹或伤残），砂轮轴是否安装牢固、可靠。砂轮机与防护罩之间有无杂物，是否符合安全要求，确认无问题时，再开动砂轮机。

（二）使用中的注意事项

（1）开动砂轮时必须经过 40~60 秒钟转速稳定后方可磨削，磨削刀具时应站在砂轮的侧面，不可正对砂轮，以防砂轮片破碎飞出伤人。

（2）禁止两人同时使用同一块砂轮，更不准在砂轮的侧面磨削。磨削时，操作者应站在砂轮机的侧面，以防砂轮崩裂，发生事故。严禁围堆操作或在磨削时嬉戏、打闹。

（3）磨削时的站立位置应与砂轮机成一夹角，且接触压力要均匀，严禁撞击砂轮，以免碎裂，砂轮只限于磨工具，不得磨笨重的物料或薄铁板以及软质材料（铝、铜等）和木质品。

（4）刃磨时，操作者应站在砂轮的侧面或斜侧位置，不要站在砂轮的正面，同时刀具应略高于砂轮中心位置。不得用力过猛，以防滑脱伤手。

（5）砂轮不准沾水，要经常保持干燥，以防湿水后失去平衡，发生事故。

（6）不允许在砂轮机上磨削较大、较长的物体，防止震碎砂轮飞出伤人。

（7）不得单手持工件进行磨削，防止脱落在防护罩内卡破砂轮。

（三）使用后的注意事项

（1）必须经常修整砂轮磨削面，当发现砂轮严重跳动时，应及时用金刚石笔进行修整。

（2）砂轮磨薄、磨小、磨损严重时，应及时更换，以保证安全。

（3）磨削完毕，应关闭电源，不要让砂轮机空转，同时要经常清除防护罩内的积尘，并定期检查更换主轴润滑油脂。

四、攻丝（内螺纹的加工技术）

钳工的攻丝适用于小批量的螺纹加工生产。加工内螺纹用的刃具是丝锥，通常把用丝锥加工工件内螺纹的操作称作攻丝。通常两支丝锥为一套，头锥用于第一次攻丝；二锥用于第二次攻削修光螺纹。头锥的锥面较长，是为了便于在孔壁上起削，逐步形成内螺纹。二锥用于第二次攻削，主要作用是修光螺纹，所以锥面较短，因此二锥的起削性能较差。如果在第一次攻丝时误用了二锥，则二锥很容易损坏，因此正确地识别、使用头锥和二锥很重要。每支丝锥的柄上通常刻有螺纹大径的尺寸。

下面以加工大径为 8.0mm、螺距为 1.25mm 的内螺纹为例来介绍攻丝的步骤和方法。攻丝前先要钻孔，这个用于攻丝的孔称作底孔。由于在攻丝过程中，丝锥的刀齿对孔壁表面进行切削和挤压，逐步形成螺纹，因此底孔的直径不能过大或过小，必须事先确定底孔直径的大小。加工大径为 8.0mm、螺距为 1.25mm 的内螺纹，底孔直径怎样来确定呢？这可以用查表的方法或根据加工材料的硬度性质列式计算。

（1）加工钢和塑性较大的材料。

底孔直径=螺纹大径−螺距

（2）加工铸铁和塑性较小的材料。

底孔直径=螺纹大径−（1.05~1.1）×螺距

如攻丝所用的螺帽坯是用钢材做成的，则根据公式计算得出底孔直径为 6.7mm。下面介绍攻丝的具体操作方法：

将螺帽坯夹在台虎钳上。孔口平面与钳口面平行，否则螺纹偏斜。将头锥装在丝锥铰手上，丝锥铰手用于夹住丝锥便于转动丝锥攻削。丝锥铰手要夹在锥柄的方榫上，不要夹在光滑的锥柄上。否则攻丝时铰手与丝锥之间会打滑。将夹在铰手上的头锥垂直地插入底孔，用目测法从纵与横两个方向交叉检查丝锥与孔口平面的垂直程度，如不垂直予以纠正。第一次攻丝双手靠拢握住铰手柄，大拇指抵住手中部向下施压。按顺时针方向，边转边压，使丝锥逐步切入孔内。以均等的压力集中铰手中部，力求使丝锥垂直地切入孔内。压力要适当大些，转动铰手要缓慢些，防止孔口滑牙。丝锥切入孔内 1~2 牙，检查丝锥的垂直程度。发现偏斜，予以纠正。用目测法交叉检查丝锥垂直程度。如果刀齿切入过多，强行纠正会损坏丝锥。纠正方法：边转动铰手边朝偏斜的反方向缓缓地纠正。丝锥攻入孔内 3~4 牙后，双手分开握住铰手柄不再加压，均匀地转动铰手。每转动 3/4 圈，倒旋 1/4 圈。攻削至头锥刀齿全长的一半长度伸出底孔的另一端入孔口 3~4 牙后，退出使用二锥，用铰手夹住二锥的方榫继续攻削修光螺纹。通常第二次攻削阻力较小，如阻力大时要及时倒旋断屑。双手扶持铰手柄均匀平稳地按逆时针方向旋转，退出二锥，并清理切屑。与第一次攻丝退出丝锥的要点相同。

操作时应注意以下几点：已有部分螺纹形成，只需转动铰手，不要加压，丝锥会自行向下切入。如此时仍再加压攻削，会损坏已形成的螺纹。攻削时有切屑形成，会卡阻丝锥，倒旋目的是切断切屑，减少阻力。攻削过程中要适量加入润滑油，以减少切削阻力，提高螺纹光洁程度，延长丝锥使用寿命。退出丝锥时，双手扶持铰手柄，按逆时针方向均匀平稳地转动，从孔内退出丝锥。清理螺孔内切屑时双手要均匀平稳地倒旋铰手。当丝锥将从孔内全部退出时，应避免丝锥晃动，损坏螺纹。

五、台式钻床主轴精度检验

1. 主轴的轴向窜动和主轴轴肩支承面跳动误差的检验

（1）检验工具：指示器和专用检验棒。

（2）检验方法。固定指示器，使其测头触及：a 插入主轴锥孔的检验棒端部的钢球上；b 主轴轴肩支承面上，沿主轴轴线加一个力 F，旋转主轴检验。指示器读数的最大差值就是主轴的轴向窜动和主轴轴肩支承面的跳动误差，如图 5-2 所示。

（3）允差。a：0.01mm；b：0.02 mm（最大工作回转直径≤800mm）。

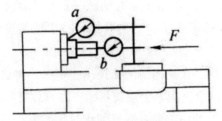

图 5-2 台式钻床主轴精度检验

2. 台式钻床主轴轴承游隙的调整

滚动轴承的游隙既不能过大也不能过小。游隙过大，将使同时承受负荷的滚动体减少，单个滚动体负荷增大，降低轴承寿命和旋转精度，引起振动和噪声。受冲击载荷时，尤为显著。游隙过小，则加剧磨损和发热，也会降低轴承的寿命。因此，轴承在装配时，应控制和调整合适的游隙，以保证正常工作并延长轴承使用寿命。其方法是使轴承内、外圈做适当的轴向相对位移。如向心推力球轴承、圆锥滚子轴承和双向推力球轴承等，在装配时以及使用过程中，可通过调整内、外套圈的轴向位置来获得合适的轴向游隙。

主轴支承对主轴的运动精度和刚度影响很大，主轴轴承应在无游隙（或少量过盈）条件下进行运转，因此，主轴轴承须定期进行调整。

主轴的径向跳动及轴向窜动允差都是 0.01mm。主轴的径向跳动影响加工表面的圆度和同轴度，轴向窜动影响加工端面的平面度或螺纹的螺距精度。当主轴的跳动量（或者窜动量）超过允许值时，一般情况下，只需适当地调整前支承的间隙，就可使主轴跳动量调整到允许值之内。如径向跳动仍达不到要求，再调整后轴承，中间轴承一般不调整。

六、CAD 绘制一个六角螺母的半剖图

第一步，在模型空间用"正多边形"工具绘制一个外切于半径为 12mm 的圆的六边形，并将其旋转 30°。

如果画出的图形在模型空间里显示太小或太大，可以用视图缩放工具进行放大或缩小，以便于观察和操作。视图缩放工具和"修改"菜单里的"缩放"工具完全不同，视图缩放工具只是改变了图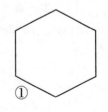形显示的大小，图形的实际尺寸并没有改变。在顶部的工具栏里的视图缩放工具有"平移"、"实时缩放"、"窗口缩放"和"缩放上一个"，在菜单"视图"→"缩放"里还有另外几个。

点击"平移"工具，光标变成手掌形状，按住鼠标左键可以将图形在绘图空间里移动，这其实只是显示位置的改变，图形的坐标是不会改变的。右击鼠标，在快捷菜单里点选"退出"，就可以退出平移。

点击"实时缩放"工具，光标变成有加减号的放大镜形状，按住鼠标左键向上推，图形变大，向下拉，图形变小，右击鼠标，在快捷菜单里点选"退出"，就可以结束缩放。

点击"窗口缩放"工具，在绘图空间拖拉出一个框，将要放大的图形包括在里面，再点击一下鼠标，这个框就会充满整个视窗显示，图形就被放大了。

点击"缩放上一个"工具，图形就恢复到缩放前的大小，"缩放上一个"工具可以记住许多步的缩放操作，每点击一次，都会恢复到上一次的大小。

点击操作菜单"视图"→"缩放"→"全部"，如果已经画好的图形比图形界限小，视图空间将显示整个图形界限；但如果已经画好的图形比图形界限大，视图空间将最大尺度地显示所有已经画好的图形。

点击操作菜单"视图"→"缩放"→"范围"，视图空间将最大尺度地显示所有已经画出的图形。

第二步，在"图层"下拉列表中点选"点划线"图层，用"直线"工具从六边形的垂直边的中点向右画1条直线，再在"图层"下拉列表中点选"实线"图层，从六边形的顶角和斜边的中点向右画6条直线。为了加快画图的速度，可以将界面最下方的"对象捕捉"按钮按下，这样就不需要频繁地点击"对象捕捉"工具栏上的捕捉按钮了，画完一条直线后再次右击鼠标，在快捷菜单上点选"重复直线"，就可以接着画第二条直线了。

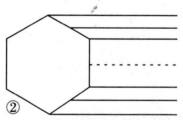
②

第三步，画1条垂直线与上一步画的7条水平线相交，用"偏移"工具在这直线右侧14.8mm处画1条平行线，再用"偏移"工具在这两条垂直线内侧1mm处各画1条平行线。

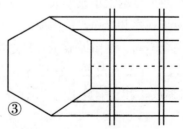
③

第四步，用"圆弧"工具通过三点画出如下图中的 6 条圆弧。在画完 1 条圆弧后右击鼠标，在快捷菜单上点选"重复圆弧"，接着画第 2 条圆弧，可以加快画图速度。

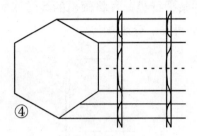

第五步，将六边形和四条直线删去。

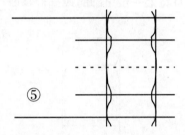

第六步，用"修剪"工具以 4 条短圆弧为剪切界线，将 6 条实线进行修剪。拉伸点划线，将它适当缩短，并在"对象特性"窗口里将点划线的"线型比例"改成 0.5。

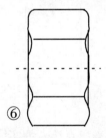

第七步，用"修剪"工具以两侧垂直线为剪切界线，将两条长圆弧的下半部分以及下面两条短圆弧的上半部分修剪掉，删去 1 条水平直线。

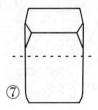

第八步，用"偏移"工具在点划线下方 8mm 处画一条平行线，选中这条线，在"图层"下拉列表里点选"细实线"，将这条线转变成细实线。再用"偏移"工具在这条细实线上方 1.3mm 处画一条平行线，并将画出的线转变成实线。还用"偏移"工具在两边实线内侧 0.75mm 处画两条平行线。

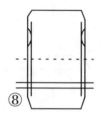

第九步，用"修剪"工具将上一步里画的线进行修剪。

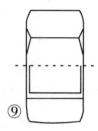

第十步，画两条倒角的短斜线。

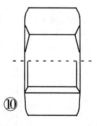

第十一步，在"图层"下拉列表里点选"细实线"，在剖面上充填图案，图案名称为"ANSI31"，比例为 0.5。

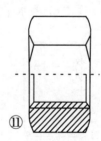

典型工作任务六　开瓶器的制作

学习任务描述

　　某开瓶器生产企业到学校开展开瓶器创意设计比赛，厂家欲通过此次比赛征集几款设计新颖的开瓶器图案，并给予设计者一定的物质奖励，请充分发挥自己的想象能力设计开瓶器。另外，老师引导学生通过上网查阅、分组讨论确定开瓶器的制作方案，组织学生分组制作，训练学生正确使用钳加工设备和工具的能力，从而对钳工的设备和工具进行生产认知，在教师的指导下能逐步识别并能规范使用常用工具及量具，每人完成一个开瓶器的制作，在任务实施工作过程中逐步培养良好的职业心态，为下一课题打好基础。

任务评价

序号	学习活动	评价内容					权重(%)
		活动成果(40%)	参与度(10%)	安全生产(20%)	劳动纪律(20%)	工作效率(10%)	
1	接受任务，制订加工计划	查阅收集信息	活动记录	工作记录	教学日志	完成时间	10
2	加工前的准备	工具、量具、设备清单	活动记录	工作记录	教学日志	完成时间	20
3	开瓶器的制作	余料的去除方法，工件的夹持方法，锉刀的选用	活动记录	工作记录	教学日志	完成时间	40
4	产品质量检测及误差分析	图案的创新及表面的完整性	活动记录	工作记录	教学日志	完成时间	20
5	工作总结与评价	总结	活动记录	工作记录	教学日志	完成时间	10
总　计							100

学习活动一　接受任务，制订加工计划

 学习目标

- 能通过各种渠道获取信息，能向老师咨询信息的可靠性并表述出所获取到的开瓶器的材料、价格、形状信息；
- 了解轴测图的概念；
- 能徒手绘制开瓶器的轴测图；
- 能够与老师和同学协作沟通确定开瓶器的样式和材料；
- 能激发学生的学习兴趣和职业兴趣。

 学习过程

一、学习准备

互联网、金属材料、机械制图。

二、引导问题

（1）开瓶器的主要用途是什么？开瓶器常用的材料有哪些？

（2）查阅相关材料，明确开瓶器的相关信息，填写下表：

序　号	材　料	物理性质	使用寿命	备　注
1				
2				
3				

（3）绘制开瓶器轴测草图和俯视平面图样。

（4）开瓶器形状和图案举例：

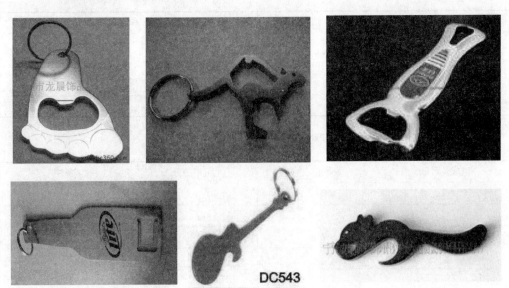

（5）完成开瓶器的制作需要的工具、量具和设备：

序号	名称	规格	数量	用途
1				
2				
3				
4				
5				
6				
7				
8				
9				
10				
11				
12				
13				
14				
15				
16				
17				
18				
19				
20				

（6）根据你的分析，安排合理的加工工艺步骤。

序号	开始时间	结束时间	工作内容	工作要求	备注

（7）根据小组成员特点完成下表：

小组成员名单	成员特点	小组中的分工	备注

（8）小组讨论记录（小组记录需有：记录人、主持人、日期、内容等要素）。

学习活动二　加工前的准备

 学习目标

- 能了解轴测图的概念；
- 能识读零件图；
- 能徒手绘制零件草图；
- 能够与老师和同学沟通协作进行开瓶器的设计或创新。

 **学习过程**

一、学习准备

绘图工具。

二、引导问题

（1）处理前期收集的信息，利用制图知识将自己构想的开瓶器图案绘制成标准图样。

1）写出开瓶器的材料性质、技术要求。

2）开瓶器上比较重要的尺寸是哪些？为什么？

（2）通过其他小组展示的设计方案，你认为自己的设计还有哪些不足之处？他们的设计思路对你有怎样的帮助？

（3）如何划线？

（4）砂纸的型号是如何定义的？

（5）填写工艺卡（见下表）。

班级名称		组名		成员				计划工时	安全
材料		毛坯							
工序	工序内容	设备和工具	量具	加工步骤					
1									
2									
3									
4									
5									
6									
7									
8									
9									
10									

学习活动三　开瓶器的制作

 学习目标

- 能按照设计要求，领取坯料并检查坯料的完整性；
- 能在毛坯上使用画笔或划线工具描绘出开瓶器的轮廓线；
- 能根据制订的加工方案，准备加工所需的工具、量具、刃具；
- 能按照现场 5S 管理的要求规范放置工量具。

 学习过程

一、学习准备

毛坯、划线工具、工量具、钻头、钻床、钻帽钥匙。

二、引导问题

（1）由领料员到材料室领取坯料，并检查坯料是否符合备料要求。

（2）使用画笔、划规、划针按照准备好的开瓶器样板或自己设计好的开瓶器图样在毛坯上画出轮廓线。

（3）本次制作开瓶器的材料毛坯尺寸是多少？是什么材料？

（4）查阅相关资料，写出所选材料的特性及用途。

学习活动四 产品质量检测及误差分析

 学习目标

- 能分析产品的质量；
- 知道问题产生的原因及今后的改进方向；
- 能正确使用检具。

 **学习过程**

一、学习准备

表面粗糙度对照表、未开启的酒瓶。

二、引导问题

（1）你制作的开瓶器能轻松开启酒瓶吗？若不能，请问原因何在？

（2）用何种方法来检测你的开瓶器的质量？

（3）总结本次任务的成功和失败之处。

学习活动五　工作总结与评价

 学习目标

- 能自信地展示自己的作品，讲述自己作品的特点；
- 能虚心听取他人的建议，并加以改进；
- 能对整个任务过程进行总结反思，并能与他人开展良好合作，进行有效沟通。

 **学习过程**

一、学习准备

自己的作品、展板。

二、引导问题

（1）检查并测试自己的开瓶器是否满足设计要求，是否存在质量缺陷。

1）开瓶器存在怎样的缺陷？

2）造成质量缺陷的原因是什么？该如何改进？

（2）进行组内评比，组与组之间相互评比，找出自己与他人的差异，并明确今后的努力方向。

（3）总结你在钳工技术、安全操作规范、团队合作与创新等方面的收获和心得体会。

 **评价与分析**

活动过程评价表

班级：＿＿＿＿＿＿　姓名：＿＿＿＿＿＿　学号：＿＿＿＿＿＿　＿＿＿年＿＿月＿＿日

评价项目及标准		分数	自我评价 （10%）	小组评价 （30%）	教师评价 （60%）
操作 技能	1. 检测工量具的正确规范使用	10			
	2. 动手能力强，理论联系实际，善于灵活应用	10			
	3. 检测的速度	10			
	4. 熟悉质量分析、结合实际，提高自己的综合实践能力	10			
	5.检测的准确性	10			
	6. 通过检测，能对加工工艺进行合理性分析	10			
实习 过程	1. 查阅、收集资料情况 2. 任务完成情况 3. 成果展示情况 4. 纪律观念 5. 实训安全操作 6. 检测工件规范情况 7. 平时出勤情况 8. 检测完成质量 9. 检测的速度与准确性 10. 每天对工量具的整理保管及场地卫生清扫情况	30			
情感 态度	1. 师生互动 2. 良好的劳动习惯 3. 组员的交流、合作 4. 动手操作的兴趣、态度、积极主动性	10			
小　计		100			
总　计					
工件检测得分			综合测评得分		
简要 评述					

注：综合测评得分=总计×50%+工件检测得分×50%。

任课教师签字：＿＿＿＿＿＿＿＿＿＿

　知识链接

一、不锈钢知识

1. 不锈钢简介

耐空气、蒸汽、水等弱腐蚀介质和酸、碱、盐等化学侵蚀性介质腐蚀的钢叫不锈钢，又称不锈耐酸钢。实际应用中，常将耐弱腐蚀介质腐蚀的钢称为不锈钢，而将耐化学介质腐蚀的钢称为耐酸钢。由于两者在化学成分上的差异，前者不一定耐化学介质腐蚀，而后者则一般均具有不锈性。不锈钢的耐蚀性取决于钢中所含的合金元素。铬是使不锈钢获得耐蚀性的基本元素，当钢中含铬量达到 12% 左右时，铬与腐蚀介质中的氧作用，在钢表面形成一层很薄的氧化膜（自钝化膜），可阻止钢的基体进一步腐蚀。除铬外，常用的合金元素还有镍、钼、钛、铌、铜、氮等，以满足各种用途对不锈钢组织和性能的要求。不锈钢通常按基体组织分为：①铁素体不锈钢。含铬 12%~30%。其耐蚀性、韧性和可焊性随含铬量的增加而提高，耐氯化物应力腐蚀性能优于其他种类不锈钢。②奥氏体不锈钢。含铬大于 18%，还含有 8% 左右的镍及少量钼、钛、氮等元素。综合性能好，可耐多种介质腐蚀。③奥氏体—铁素体双相不锈钢。兼有奥氏体和铁素体不锈钢的优点，并具有超塑性。④马氏体不锈钢强度高，但塑性和可焊性较差。

2. 不锈钢的作用

自 20 世纪初发明不锈钢以来，不锈钢就把现代材料的优良形象和建筑应用中的卓越声誉集于一身，使其竞争对手羡慕不已。奥氏体不锈钢是在常温下具有奥氏体组织的不锈钢，钢中含 Cr 约 18%、Ni 8%~10%、C 约 0.1% 时，具有稳定的奥氏体组织。奥氏体铬镍不锈钢包括著名的 18Cr-8Ni 钢和在此基础上增加 Cr、Ni 含量并加入 Mo、Cu、Si、Nb、Ti 等元素发展起来的高 Cr-Ni 系列钢。奥氏体不锈钢无磁性而且具有高韧性和塑性，但强度较低，不可能通过相变使之强化，仅能通过冷加工进行强化。如加入 S、Ca、Se、Te 等元素，则具有良好的易切削性。此类钢除耐氧化性酸介质腐蚀外，如果含有 Mo、Cu 等元素还能耐硫酸、磷酸以及甲酸、醋酸、尿素等的腐蚀。此类钢中的含碳量若低于 0.03% 或含 Ti、Ni，就可显著提高其耐晶间腐蚀性能。高硅的奥氏体不锈钢有良好的耐蚀性。由于奥氏体不锈钢具有全面的和良好的综合性能，在各行各业中获得了广泛的应用。

只要钢种选择得正确，加工适当，保养合适，不锈钢不会产生腐蚀、点蚀、锈蚀或磨损。不锈钢还是建筑用金属材料中强度最高的材料之一。由于不锈钢具有良好的耐腐蚀性，所以它能使结构部件永久地保持工程设计的完整性。含铬不锈钢还集机械强度和高延伸性于一身，易于部件的加工制造，可满足建筑师和结构设计人员的需要。

3. 不锈钢牌号分组

（1）200 系列——铬—镍—锰奥氏体不锈钢。

（2）300 系列——铬—镍奥氏体不锈钢。

型号 301——延展性好，用于成型产品，也可通过机械加工使其迅速硬化。焊接性好，抗磨性和疲劳强度优于 304 不锈钢。

型号 302——耐腐蚀性同 304，由于含碳相对要高因而强度更好。

型号 303——通过添加少量的硫、磷使其较 304 更易切削加工。

型号 304——通用型号；即 18/8 不锈钢。GB 牌号为 0Cr18Ni9。

型号 309——较 304 有更好的耐温性。

型号 316——继 304 之后，第二个得到广泛应用的钢种，主要用于食品工业和外科手术器材，添加钼元素使其获得一种抗腐蚀的特殊结构。由于较 304 具有更好的抗氯化物腐蚀能力因而也作"船用钢"来使用，SS316 则通常用于核燃料回收装置。18/10 级不锈钢通常也符合这个应用级别。

型号 321——除因为添加了钛元素降低了材料焊缝锈蚀的风险之外，其他性能类似 304。

（3）400 系列——铁素体和马氏体不锈钢。

型号 408——耐热性好，弱抗腐蚀性，11% 的 Cr，8% 的 Ni。

型号 409——最廉价的型号（英美），通常用于汽车排气管，属铁素体不锈钢（铬钢）。

型号 410——马氏体（高强度铬钢），耐磨性好，抗腐蚀性较差。

型号 416——添加了硫改善了材料的加工性能。

型号 420——"刀具级"马氏体钢，类似布氏高铬钢这种最早的不锈钢。也用于外科手术刀具，可以做得非常光亮。

型号 430——铁素体不锈钢，装饰用，常用于汽车饰品。有良好的成型性，但耐温性和抗腐蚀性较差。

型号 440——高强度刀具钢，含碳稍高，经过适当的热处理后可以获得较高屈服强度，硬度可以达到 58HRC，属于最硬的不锈钢之列。最常见的应用例子就是"剃须刀片"。常用型号有三种：440A、440B、440C，另外还有 440F（易加工型）。

（4）500 系列——耐热铬合金钢。

（5）600 系列——马氏体沉淀硬化不锈钢。

型号 630——最常用的沉淀硬化不锈钢型号，通常也叫 17-4、17%Cr、4%Ni。

4. 不锈钢为什么耐腐蚀

所有金属都能和大气中的氧气进行反应，在表面形成氧化膜。不幸的是，在普通碳钢上形成的氧化铁会继续进行氧化，使锈蚀不断扩大，最终形成孔洞。可以利用油漆或耐氧化的金属（如锌、镍和铬）进行电镀来保证碳钢表面不被氧化，但是，正如人们所知道的那样，这种保护仅是一层薄膜。如果保护层被破坏，下面的钢便开始锈蚀。不锈钢的耐腐蚀性取决于铬，但是因为铬是钢的组成部分之一，所以保护方法不尽相同。

在铬的添加量达到 10.5% 时，钢的耐大气腐蚀性能显著增加，但铬含量更高时，尽管仍可提高耐腐蚀性，但不明显。原因是用铬对钢进行合金化处理时，把表面氧化物的类型变成了类似于纯铬金属上形成的表面氧化物。这种紧密粘附的富铬氧化物保护表面，防止进一步地氧化。这种氧化层极薄，透过它可以看到钢表面的自然光泽，使不锈钢具有独特的表面。而且，如果损坏了表层，所暴露出的钢表面会和大气反应进行自我修理，重新形成这种"钝化膜"，继续起保护作用。

因此，所有的不锈钢都具有一种共同的特性，即铬含量均在 10.5% 以上。

5. 不锈钢的类型

"不锈钢"一词不仅是单纯指一种不锈钢，而是表示一百多种工业不锈钢，每种不锈钢都在其特定的应用领域具有良好的性能。成功的关键首先是要弄清用途，然后再确定正确的钢种。有关不锈钢的进一步详细情况参见由 NiDI 编制的"不锈钢指南"软盘。建筑构造应用领域有关的钢种通常只有六种。它们都含有 17%~22% 的铬，较好的钢种还含有镍。添加钼可进一步改善耐大气腐蚀性，特别是耐含氯化物大气的腐蚀性。耐大气腐蚀检验表明，大气的腐蚀程度因地域而异。为便于说明，建议把地域分成四类，即乡村、城市、工业区和沿海地区。乡村是基本上无污染的区域。该区人口密度低，只有无污染的工业。城市为典型的居住、商业和轻工业区，该区内有轻度污染，如交通污染。工业区为重工业造成大气污染的区域。污染可能是由于燃油所形成的气体（如硫和氮的氧化物）或者是化工厂或加工厂释放的其他气体。空气中悬游的颗粒，像钢铁生产过程中产生的灰尘或氧化铁的沉积也会使腐蚀性增加。沿海地区通常是指距海边 1 英里以内的区域。但是，海洋大气可以向内陆纵深蔓延，在海岛上更是如此，盛行风来自海洋，而且气候恶劣。例如，英国的气候条件就是如此，所以整个国家都属于沿海区域。如果风中夹杂着海洋雾气，特别是由于蒸发造成盐沉积集聚，再加上雨水少，不经常被雨水冲刷，沿海区域的条件就更加不利。如果还有工业污染的话，腐蚀性就更大。在美国、英国、法国、意大利、瑞典和澳大利亚所进行的研究工作已经确定了这些区域对各种不锈钢耐大气腐蚀性的影响。有关内容在 NiIDI 出版的《建筑师便览》中作了简单介绍，该书中的表可以帮助设计人员为各种区域选择成本效益最好的不锈钢。在进行选择时，重要的是确定是否还有其他当地的因素影响使用现场的环境。例如，不锈钢用在工厂烟囱的下方，用在空调排气挡板附近或废钢场附近，会存在非一般的条件。

6. 维修及清理

和其他暴露于大气中的材料一样，不锈钢也会脏。但是，在雨水冲刷、人工冲洗和表面脏污情况之间还存在着一种相互关系。通过把相同的板条直接放在大气中和放在有棚的地方比较确定了雨水冲刷的效果。人工冲洗的效果是通过人工用海绵蘸上肥皂水每隔 6 个月擦洗每块板条的右边来确定的。结果发现，与放在有棚的地方和不被冲洗的地方的板条相比，通过雨水冲刷和人工擦洗去除表面的灰尘和淤积对表面脏污情况有良好的作用。而且还发现，表面加工的状况也有影响，表面平滑的板条比表面粗糙的板条防脏污效果要好。因此洗刷的间隔时间受多种因素影响，主要的影响因素是所要求的审美标准。虽然许多不锈钢幕墙仅仅是在擦玻璃时才进行冲洗，但是，一般来讲，用于外部的不锈钢每年洗刷两次为宜。

7. 典型用途

大多数的使用要求是长期保持建筑物的原有外貌。在确定要选用的不锈钢类型时，主要考虑的是所要求的审美标准、所在地大气的腐蚀性以及要采用的清理制度。然而，其他应用越来越多的只是寻求结构的完整性或不透水性。例如，工业建筑的屋顶和侧墙。在这些应用中，建造成本可能比审美更为重要，表面不很干净也可以。在干燥的室内环境中使用 430 不锈钢效果相当好。但是，在乡村和城市要想在户外保持其外观，就需经常进行清洗。在污染严重的工业区和沿海地区，表面会非常脏，甚至产生锈蚀。要获得户外环境中的审美效果，就需采用含镍不锈钢。所以，304 不锈钢被广泛用于幕墙、侧墙、屋顶及其他建筑，但在侵蚀性严重的工业或海洋大气中，最好采用 316 不锈钢。现在，人们已充分认识到了在结构应用中使用不锈钢的优越性。有几种设计准则中包括了 304 和 316 不锈钢。"双相"不锈钢 2205 已把良好的耐大气腐蚀性能和高抗拉强度及弹性强度融为一体，所以，欧洲准则中也包括了这种钢。

产品形状：实际上，不锈钢是以全标准的金属形状和尺寸生产制造的，此外还有许多特殊形状。最常用的产品是用薄板和带钢制成的，也用中厚板生产特殊产品，例如，生产热轧结构型钢和挤压结构型钢。还有圆形、椭圆形、方形、矩形和六角形焊管或无缝钢管及其他形式的产品，包括型材、棒材、线材和铸件。

表面状态：正如后面将谈到的，为了满足美学的要求，已开发出了多种商用表面加工产品。例如，表面可以是高反射的或者无光泽的，可以是光面的、抛光的或压花的，可以是着色的、彩色的、电镀的或者在不锈钢表面蚀刻有图案，以满足设计人员对外观的各种要求。保持表面状态是容易的。只需偶尔进行冲洗就能去除灰尘。由于耐腐蚀性良好，也可以很容易地去除表面的涂写污染或类似的其他表面污染。由于不锈钢已具备建筑材料所要求的许多理想性能，它在金属中可以说是独一无二的，而其发展仍在继续。为使不锈钢在传统的应用中性能更好，人们一直在改进现有的类型，而且，为了满足高级建筑应用的严格要求，正在开发新的不锈钢。由于生产效率不断提高，质量不断改善，不锈钢已成为建筑师们选择的最具有成本效益的材料之一。不锈钢集性能、外观和使用特性于一身，所以它仍将是世界上最佳的建筑材料之一。

二、铝材知识

铝板，顾名思义是指用铝材或铝合金材料制成的板型材料。或者说是由扁铝坯经加热、轧延及拉直等过程制造而成的板型铝制品。建筑上使用的铝板包括单层铝板、复合铝板等多种材料，一般常指单层铝板（也有叫单铝板或纯铝板），多用于建筑装饰工程中，近年来在铝板幕墙中单层铝板的使用较为多见。铝板幕墙也是幕墙的一种形式，简单地说就是用铝板代替玻璃制成幕墙，铝板幕墙多用于墙体庇护和不采光的墙壁。如广州世界贸易中心，就用了西南铝加工厂板材分厂加工的不同弧度的铝板近 150 吨，表面采用静电喷涂。国外的铝板幕墙一直选用单层铝板。单层铝板一般用纯铝板。铝板厚度为 3mm，为了加强铝板板面强度，在铝板的背面，必须安装加强筋（现有的厂家不安加强筋用厚的铝带做成，先用闪光焊机把一颗颗螺丝帽焊在铝板背面，然后把做加强筋的铝条钻孔套进螺丝内，用螺丝固定）。

典型工作任务七　角度样板制作

　　车间承接了一批角度样板制作订单，工期 10 天，现已下发到钳工组，并要求钳工工作人员在接受生产任务后，按图样要求加工制作，入库待交付使用。

任务评价

序号	学习活动	评价内容					权重 (%)
		活动成果 (40%)	参与度 (10%)	安全生产 (20%)	劳动纪律 (20%)	工作效率 (10%)	
一	接受任务，制订加工计划	查阅收集信息	活动记录	工作记录	教学日志	完成时间	10
二	加工前的准备	工具、量具、设备清单	活动记录	工作记录	教学日志	完成时间	20
三	角度样板的制作	对称度的加工及测量，角度面的加工测量	活动记录	工作记录	教学日志	完成时间	40
四	产品质量检测及误差分析	工件的检测结果	活动记录	工作记录	教学日志	完成时间	20
五	工作总结与评价	总结	活动记录	工作记录	教学日志	完成时间	10
	总计						100

学习活动一　接受任务，制订加工计划

 学习目标

- 能按照规定领取工作任务；
- 能识读角度样板的三视图和装配图，并说出角度样板的形状、尺寸、表面粗糙度、公差、材料等信息的含义。

　　建议学时：4 课时；学习地点：微机教室

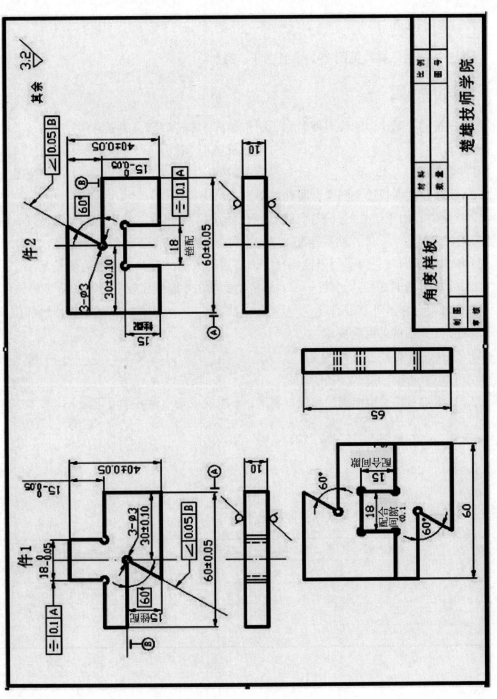

图7-1 加工图样

 **学习过程**

一、学习准备

角度样板加工图样（见图 7-1）、任务书、教材。

二、引导问题

（1）根据加工图样，明确零件名称、制作材料、零件数量、完成时间。

零件名称：_____   制作材料：_____

零件数量：_____   完成时间：_____

（2）识读角度样板加工图样，明确加工要求。

1）锉配时，由于工件的外表面比内表面容易加工和测量，易于达到较高精度，故一般应先加工_____件，然后锉配_____件。

2）加工内表面时，为了便于控制尺寸，一般均应选择有关表面作为测量基准，因此加工外形基准面时必须达到较_____的精度要求，才能保证规定的锉配精度。

3）在做配合修锉时，可通过_____法和_____法来确定其修锉部位和余量，逐步达到正确的配合要求。

4）图中对称度公差符号为_____，其含义为_____尺寸对_____尺寸，中心线的_____误差值为_____。

（3）分组学习各项操作规程和规章制度，小组摘录要点做好学习记录。

（4）根据你的分析，安排工作进度（见下表）。

序　号	开始时间	结束时间	工作内容	工作要求	备　注

（5）根据小组成员特点完成下表。

小组成员名单	成员特点	小组中的分工	备 注

（6）小组讨论记录（小组记录需有：记录人、主持人、日期、内容等要素）。

学习活动二　加工前的准备

 学习目标

- 能通过小组讨论制定角度样板加工工艺；
- 能独立填写零件加工工艺卡；
- 能认知角度样板加工过程中所需的工具、量具及设备。

建议学时：6课时；学习地点：微机教室

学习过程

一、分小组讨论，编制角度样板的加工工艺

（1）通过对配合件特征的分析，说出图样加工时应保证的配合要求。

（2）零件外形加工完成后，划线时应选用几个基准面划线？能不能掉头划线？为什么？

（3）在加工角度样板凹凸配合部分时，应先加工哪一个零件？为什么？

（4）在加工角度样板 60°角时，应先加工哪一个零件？为什么？

（5）在加工 60°角时应如何保证 60°角两边的位置度？为什么？

二、根据以下加工步骤示意图，填表说明加工角度样板的工序及步骤

（1）材料准备：

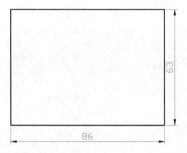

（2）加工步骤：

（3）加工外形并划线：

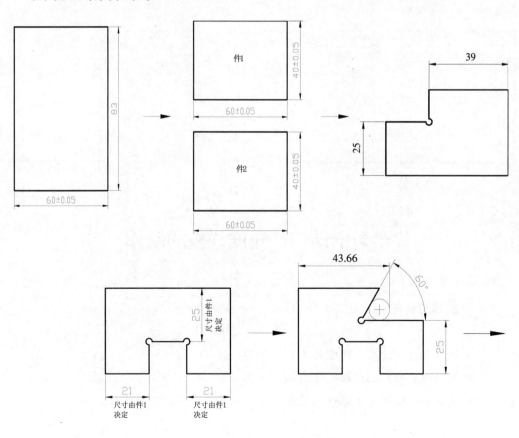

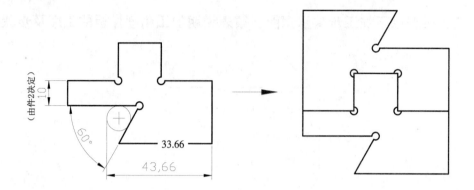

（4）填表说明工序：

工　序	工　步	加工内容

学习活动三　角度样板的制作

 学习目标

- 能准备好加工工件所需的工具、量具；
- 能合理选用并熟练规范使用各种工具、量具及设备；
- 能安全地使用钻床进行工艺孔、排孔以及所需孔的加工操作；

- 能安全规范地使用工具去除工件余料；
- 能正确地选用锉刀来加工不同位置的轮廓形状；
- 能正确地选择加工基准加工零件；
- 能正确选择测量基准和量具，对零件进行测量；
- 能按现场 5S 管理的要求清理现场。

建议学时：12 课时；学习地点：钳工一体化工作站

 学习过程

一、领料

分组从指导老师处领取毛坯并检查是否满足制作要求。

二、工量具、设备准备

（1）根据制定的工艺卡选择工量具、设备，并按清单准备工量具。

序号	名　称	规格或型号	加工或测量精度	功能用途
1				
2				
3				
4				
5				
6				
7				
8				
9				
10				
11				
12				
13				
14				
15				
16				
17				
18				
19				

序号	名　称	规格或型号	加工或测量精度	功能用途
20				
21				
22				
23				
24				
25				

（2）划线时应如何选用划线基准?

（3）划线时应如何划出 60°角斜线?

（4）如何测量并保证角度样板凸凹部分的对称度?

（5）如何使用测量棒来检验 60°角两边的位置度?

学习活动四　产品质量检测及误差分析

（1）分组交叉检测角度样板是否合格。

按以下评分标准进行检测：

序号	项目	配分	检查内容	评分标准	检测记录	扣分	得分
1	锉削	5	40±0.05mm	超差不得分			
		5	60±0.05mm	超差不得分			
		8	$18_{-0.05}^{0}$mm	超差不得分			
		10	$15_{-0.05}^{0}$mm	超差不得分			
		10	30±0.10mm	超差不得分			
		8	$60° \boxed{< \boxed{0.05} B}$	超差不得分			
		6	$\boxed{= \boxed{0.1} A}$	超差不得分			
		8	Ra3.2μm	超差不得分			
2	配合	30	配合间隙<0.1mm	超差0.02扣5分，超差>0.03不得分			
		10	错位量<0.1mm	超差0.02扣5分，超差>0.03不得分			
3	安全文明生产		遵守安全操作规程，正确使用工、夹、量具，操作现场整洁	按到达规定的标准程度评分，一项不符合要求在总分中扣2~5分，总扣分不超过10分			
			安全用电、防火，无人身、设备的事故	因违规操作造成重大人身事故的此卷按0分计算			
4	分数合计	100					

（2）检测完毕后，分析你的角度样板误差及形成原因。

（3）根据加工过程及相互协作进行自我和小组评价。

学习活动五 工作总结与评价

 学习目标

- 能总结出通过本次加工所获得的经验。
  建议学时：2课时；学习地点：钳工一体化工作站

 学习过程

（1）请分层次说出你在本次任务实践过程中有哪些收获？

（2）完成本任务以后，你知道什么叫锉配了吗？对锉配的要求有哪些？

（3）总结本次学习任务过程中存在的问题并提出解决方法。

 评价与分析

活动过程评价表

班级：_____ 姓名：_____ 学号：_____ ____年___月___日

评价项目及标准		分数	自我评价 (10%)	小组评价 (30%)	教师评价 (60%)
操作技能	1. 检测工量具的正确规范使用	10			
	2. 动手能力强，理论联系实际，善于灵活应用	10			
	3. 检测的速度	10			
	4. 熟悉质量分析、结合实际，提高自己的综合实践能力	10			
	5. 检测的准确性	10			
	6. 通过检测，能对加工工艺进行合理性分析	10			
实习过程	1. 查阅、收集资料情况 2. 任务完成情况 3. 成果展示情况 4. 纪律观念 5. 实训安全操作 6. 检测工件规范情况 7. 平时出勤情况 8. 检测完成质量 9. 检测的速度与准确性 10. 每天对工量具的整理保管及场地卫生清扫情况	30			
情感态度	1. 师生互动 2. 良好的劳动习惯 3. 组员的交流、合作 4. 动手操作的兴趣、态度、积极主动性	10			
小　计		100			
总　计					
工件检测得分			综合测评得分		
简要评述					

注：综合测评得分＝总计×50%＋工件检测得分×50%。

任课教师签字：_____

 知识链接

1. 锉配的概念

用锉削加工方法使两个互换性零件达到规定的配合要求，这种加工称为锉配，也称镶配。

2. 锉配的方法

（1）锉配时，由于工件的外表面比内表面容易加工和测量，易于达到较高精度，故一般应先加工凸件，然后锉配凹件。

（2）加工内表面时，为了便于控制尺寸，一般均应选择有关表面作为测量基准，因此加工外形基准面时必须达到较高的精度要求，才能保证规定的锉配精度。

（3）锉配角度样板时，可锉制一副内、外角度检查样板，作为加工时测量角度用。

（4）在配合修锉时，可通过透光法和涂色显示法来确定其修锉部位和余量，逐步达到正确的配合要求。

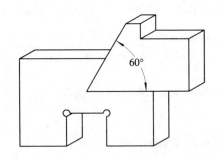

3. 对称度的概念

（1）对称度误差是指被测表面的对称平面与基准表面的对称平面间的最大偏移距离。

（2）对称度公差带是指相对基准中心平面对称配置的两个平行面之间的区域，两平行面距离即为公差值。

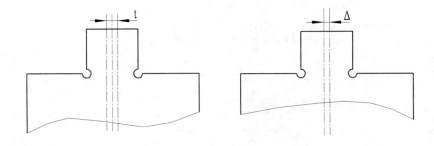

4. 对称度误差的测量

（1）对称度误差的测量方法。测量被测表面与基准表面的尺寸 A 和 B，其差值的一半即为对称度误差值。

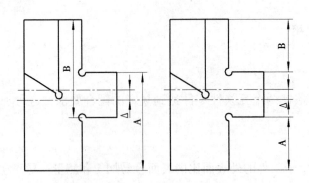

（2）对称形体工件的划线。对于平面对称工件的划线，应在形成对称中心平面的两个基准面精加工后进行。划线基准与该两基准面重合，划线尺寸则按两个对称基准平面间的实际尺寸及对称要素的要求尺寸计算得出。

（3）对称度误差对转位互换精度的影响。当凹、凸件都有对称度误差为 0.05mm，且在一个同方向位置配合达到间隙要求后，得到两侧面平齐，而转位 180°配合，就会产生两基准面偏位误差，其总值为 0.10mm。

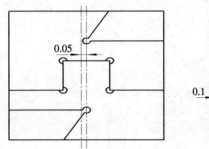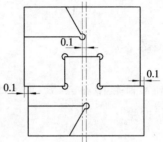

5. 角度样板的尺寸测量

角度样板斜面锉削时的尺寸测量，一般都采用间接测量法，其测量尺寸 M 与样板尺寸 B、圆柱尺寸 d 之间有如下关系：

$$M = B + d/2 \cot \alpha/2 + d/2$$

其中，M 为测量读数值（mm）；B 为样板斜面与槽底的交点至侧面的距离（mm）；d 为圆柱量棒的直径尺寸（mm）；α 为斜面的角度。

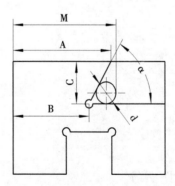

当要求尺寸为 A 时，则可按下式进行换算：

$$B = A - C \cot \alpha$$

其中，A 为斜面与槽口平面的交点（边角）至侧面的距离（mm）；C 为深度尺寸（mm）。

典型工作任务八 六角、四方镶配件的制作

学习任务描述

钳工组接到了制作 10 个六角、四方镶配件工艺品的订单，要求在 5 个工作日内制作完成，并交付检验。

学习活动一 接受任务，制订加工计划

 学习目标

- 能接受任务，明确任务要求；
- 看懂分析图样；
- 制定加工步骤，编制加工工艺卡。

  建议学时：14 学时

 学习过程

一、学习准备

图纸（见图 8-1）、任务书、教材。

二、引导问题

（1）请根据生产任务单，明确零件名称、制作材料、零件数量和完成时间。

零件名称：＿＿＿＿＿＿＿＿ 制作材料：＿＿＿＿＿＿＿＿

零件数量：＿＿＿＿＿＿＿＿ 完成时间：＿＿＿＿＿＿＿＿

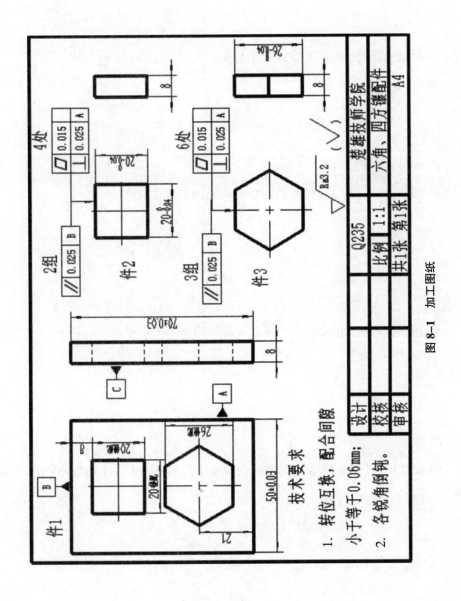

图 8-1　加工图纸

111

（2）何谓镶配？试举例说明镶配的工艺过程。

（3）计划怎样安排时间来完成这个订单？

（4）识读六角、四方镶配件的图样，明确加工要求。

（5）图样技术要求的第一条"转位互换，配合间隙小于 0.06mm"的含义是什么？

（6）图样中，件 2、件 3 有明确的精度要求，那么图中件 1 相应位置的尺寸应如何确定？

（7）件 3 图样中的几何公差符号 $\boxed{/\ \boxed{0.015}\ \boxed{}}^{6处}$ 的具体含义是什么？"6处"的含义是什么？

（8）请将六角、四方镶配件的主要加工尺寸和几何公差要求填写在下面的表格中。

序　号	项目与技术要求	公差等级或偏差范围
1		
2		
3		
4		
5		
6		
7		
8		
9		
10		
11		

（9）试简述六角形的画法，并绘制件 3 的俯视图。

（10）用 CAD 软件绘制六角、四方镶配件的轴测图和俯视图（可将绘制的图样打印输出后，贴在下面的空白处）。

（11）根据你的分析，安排工作进度。

序　号	开始时间	结束时间	工作内容	工作要求	备　注

（12）根据小组成员特点完成下表。

小组成员名单	成员特点	小组中的分工	备 注

（13）小组讨论记录（小组记录需有：记录人、主持人、日期、内容等要素）。

学习活动二 加工前的准备

 学习目标

- 能通过小组讨论制定六角、四方镶配件的加工工艺；
- 能独立填写零件加工工艺卡。

  建议学时：8 学时

 学习过程

分小组讨论，编制六角、四方镶配件的加工工艺：

（1）通过对配合件特征的分析，说出图样加工时要保证的重点、难点。

（2）在加工六角、四方镶配件时应该先加工哪个零件？为什么？

（3）分析镶配件图样要求，讨论一下该任务在划线时应该注意的问题。

（4）加工件 2 和件 3 过程中，测量外四方和外六方尺寸时，应该用什么量具？为什么？

（5）加工件 2 时，为了保证两邻面之间的夹角是 90°，应采用什么量具？

（6）图样中的件 2、件 3 的精度会大于件 1 镂空处的精度，为什么？在加工时应该注意什么？

（7）锉配六角、四方镶配件时，应做怎样的修整处理才能有效提高其配合面的表面质量？

（8）加工件 1 时，可采用什么方法去除镂空处的余料？试述各方法的优缺点，并通过比较确定本任务中去除件 1 镂空部分宜选用的方法。

（9）若采用打排孔去除余料的方法，在这种零件板材较厚的情况下，应采用多大的钻头打孔更有利于余料的去除？

（10）件 1 的内角很不容易加工，加工时是否需要对工具进行改进？如果需要，应该对工具做怎样的改进？

（11）加工过程中，应如何对件 2、件 3 与件 1 进行试配？一般采用什么方法检测镶配质量？

（12）通过以上分析，试讨论总结，初步确定本小组加工六角、四方镶配件的方案，并解释其合理性。

（13）以 PPT 或展示板形式展示本小组的工艺方案，并从合理性、科学性、经济性等方面做必要的解说（列出展示方案大纲和主要解说词）。

（14）独立完成本任务六角、四方镶配件加工工艺卡的填写。

（单位名称）		加工 工艺卡	产品 名称	六角、四方镶配件		图号		
			零件 名称			数量		第　页
材料种类		材料 成分		毛坯尺寸				共　页
工序	工步	工序内容		车间	设备	工具		计划 工时	实际 工时
						夹具	量刃具		
更改号				拟定		校正	审核	批准
更改者								
日　期								

学习活动三　六角、四方镶配件的制作

 **学习目标**

- 能按照"7S"管理规范实施作业；
- 能准备好配合件加工所需的工具、量具；
- 能在毛坯上利用划线工具根据图样划出零件的加工界线；
- 能安全使用钻床正确排料；

● 能正确选择加工基准加工零件；

● 能正确选择测量基准，对零件进行检测。

建议学时：20 学时

 学习过程

（1）领料。分小组从指导老师处领取毛坯并检测是否满足制作要求。

（2）工量具、设备准备。根据指定的工艺卡选择工量具、设备，并按清单准备工量具等：

序号	名 称	规格或型号	质 量	加工或测量精度
1				
2				
3				
4				
5				
6				
7				
8				
9				
10				
11				
12				
13				
15				
16				
17				
18				
19				
20				
21				
22				
23				
24				
15				

（3）按照制定的加工工艺方案，制作内六角、四方镶配件。

1）划线时，你使用了什么划线工具？

2）在加工时，不用量具能进行零件间的配合精度检测吗？如果能，试举例说明。

3）加工完成后，把件2和件3做不同方向配合精度检测时，配合间隙一致吗？试说明一致或者不一致的原因。

4）结合本次任务的装配检测过程，试总结理解图样要求和按图加工对于实现零件互换性的重要性。

学习活动四　产品质量检测及误差分析

 学习目标

- 能正确选择测量基准，对零件进行检测；
- 能对产生的误差作有效分析。

  建议学时：4学时

 **学习过程**

（1）按下表检测你的六角、四方镶配件是否合格。

序号	项目与技术要求		配分	配分标准	自评 (10%)	互评 (30%)	教师评分 (30%)	得分
1	外四方体	$30_{-0.033}^{0}$mm（2处）	12	超差不得分				
2		$15_{-0.06}^{0}$mm	2	超差不得分				
3		//|0.025|B（2处）	9	超差不得分				
4		⊥|0.025|A（4处）	4	超差不得分				
5		□|0.015（4处）	4	超差不得分				
6	外六角体	$28_{-0.033}^{0}$mm（3处）	12	超差不得分				
7		$15_{-0.06}^{0}$mm	2	超差不得分				
8		//|0.025|B（3处）	9	超差不得分				
9		⊥|0.025|A（6处）	6	超差不得分				
10		□|0.015（4处）	6	超差不得分				
11	错配	配合间隙小于等于0.06mm	18	超差不得分				
12		表面粗糙度 R_a≤3.2μm	6	超差不得分				
13	安全文明生产		10	违反不得分				
产品功能检测与问题分析：								

（2）如何用塞尺来检验两个结合面间的间隙？

学习活动五　工作总结与评价

 学习目标

- 能总结出通过本次加工所获得的工作经验。
  建议学时：4学时

第一部分　中级工

 **学习过程**

（1）请分层次概括总结出你在本次任务实施过程中有哪些收获。

（2）完成本次任务后，你知道什么叫装配了吗？产品的装配工艺过程由哪几部分组成？产品的装配方法有哪几种？

（3）制作一个 PPT 文件汇报展示你们小组的工作过程和收获。请列出你的展示大纲。

（4）思考一下，学习本任务对今后掌握产品的装配技能有哪些帮助。

 知识链接

（1）工序。工序是一个或一组工人，在一个工作地对同一个或同时对几个工件所连续完成的那一部分工艺过程。

（2）工步。工步是工序的一部分，是在加工表面和加工工具不变的情况下，所连续完成的那一部分工序。

注意：一个工序可以只有一个工步，也可以包括若干个工步。

（3）工位。为了完成一定的工序部分，一次装夹工件后，工件与夹具或设备的可动部分相对刀具或设备的固定部分所占据的每个位置称为工位。

121

 评价与分析

活动过程评价表

班级：_____ 姓名：_____ 学号：_____ ____年___月___日

评价项目及标准		分数	自我评价(10%)	小组评价(30%)	教师评价(60%)
操作技能	1. 检测工量具的正确规范使用	10			
	2. 动手能力强，理论联系实际，善于灵活应用	10			
	3. 检测的速度	10			
	4. 熟悉质量分析、结合实际，提高自己的综合实践能力	10			
	5. 检测的准确性	10			
	6. 通过检测，能对加工工艺进行合理性分析	10			
实习过程	1. 查阅、收集资料情况 2. 任务完成情况 3. 成果展示情况 4. 纪律观念 5. 实训安全操作 6. 检测工件规范情况 7. 平时出勤情况 8. 检测完成质量 9. 检测的速度与准确性 10. 每天对工量具的整理保管及场地卫生清扫情况	30			
情感态度	1. 师生互动 2. 良好的劳动习惯 3. 组员的交流、合作 4. 动手操作的兴趣、态度、积极主动性	10			
小　计		100			
总　计					
工件检测得分			综合测评得分		
简要评述					

注：综合测评得分=总计×50%+工件检测得分×50%。

任课教师签字：_____

122

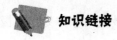

知识链接

一、尺寸公差

零件尺寸在装配钳工中起着重要的作用，尺寸的准确性直接影响到零件的精度、机器装配的精确度及是否能正常运行等。用特定单位表示长度大小的数值称为尺寸。长度包括直径、半径、宽度、深度、高度和中心距。尺寸由数值和特定单位两部分组成，如 10mm。在机械制图中，一般是以 mm 作为单位（通常省略不标注，仅标注数值）。采用其他单位时，则必须在数值后注写单位。

1. 基本尺寸

基本尺寸由设计给定，设计时可根据零件的使用要求，通过计算、试验或类比的方法，并经过标准化后确定基本尺寸。如图 8-2 所示，$\phi10$ 为轴销直径的基本尺寸，35 为其长度的基本尺寸；$\phi20$ 为孔直径的基本尺寸。

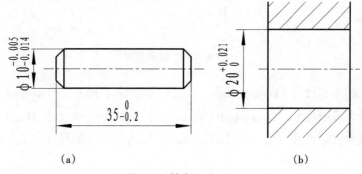

（a）　　　　　　　　　　　　　　（b）

图 8-2　基本尺寸

孔的基本尺寸用"D"表示；轴的基本尺寸用"d"表示。大写字母表示孔的有关代号，小写字母表示轴的有关代号。

2. 实际尺寸

通过测量获得的尺寸称为实际尺寸。由于存在加工误差，零件同一表面上不同位置的实际尺寸不一定相等，如图 8-3 所示。

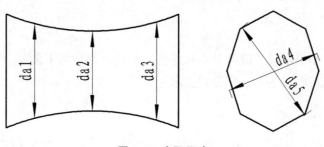

图 8-3　实际尺寸

3. 极限尺寸

允许尺寸变化的两个极限值称为极限尺寸。其中，允许的最大尺寸称为最大极限尺寸；允许的最小尺寸称为最小极限尺寸。

从使用角度来说，没有必要将同一规格的零件都加工成为同一尺寸，只须将零件的实际尺寸控制在一个具体范围内，就能满足使用要求。零件加工后的实际尺寸，应介于两极限尺寸之间，即不允许大于最大极限尺寸，也不允许小于最小极限尺寸。

【例】如图 8-4 所示，分别写出轴和孔的基本尺寸、极限尺寸。

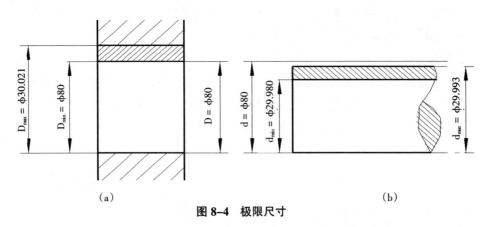

(a)   (b)

图 8-4 极限尺寸

解：孔的基本尺寸（D）=ϕ30mm　　　　轴的基本尺寸（d）=ϕ30mm

孔的最大极限尺寸（D_{max}）=ϕ30.021mm　　孔的最小极限尺寸（D_{min}）=ϕ30mm

轴的最大极限尺寸（d_{max}）=ϕ29.993mm　　轴的最小极限尺寸（d_{min}）=ϕ29.980mm

4. 偏差

某一尺寸（实际尺寸、极限尺寸等）减其基本尺寸所得的代数差称为偏差。

偏差分为极限偏差和实际偏差。偏差为代数差，可以为正值、负值或零值。在使用时一定要注意偏差值的正负号，不能遗漏。

（1）极限偏差。极限尺寸减其基本尺寸所得的代数差称为极限偏差，极限偏差分为上偏差和下偏差。

上偏差：最大极限尺寸减其基本尺寸所得代数差称为上偏差。孔的上偏差用 ES 表示，轴的上偏差用 es 表示。用公式表示为：

$$ES = D_{max} - D$$
$$es = d_{max} - d$$

(8-1)

下偏差：最小极限尺寸减其基本尺寸所得的代数差称为下偏差。孔的下偏差用 EI 表示，轴的下偏差用 ei 表示，用公式表示为：

$$EI = D_{min} - D$$
$$ei = d_{min} - d$$

(8-2)

（2）实际偏差。实际尺寸减其基本尺寸所得的代数差称为实际偏差。合格零件的实际偏差应在规定的上、下偏差之间。

判断尺寸合格的方法：零件的实际尺寸应在规定的两极限尺寸之间；零件的实际偏差应在规定的上、下偏差之间。

5. 尺寸公差

尺寸公差是允许尺寸的变动量。尺寸公差简称公差。

公差是设计人员根据零件使用时的精度要求并考虑加工时的经济性，对尺寸变动量给定的允许值。

公差的数值等于最大极限尺寸减最小极限尺寸，也等于上偏差减去下偏差，其表达式为：

孔的公差：

$$T_h = |D_{max} - D_{min}|$$
$$T_s = |d_{max} - d_{min}|$$
(8-3)

轴的公差：

由式（8-1）、式（8-2）可以推导出：

$$T_h = |ES - EI|$$
$$T_S = |es - ei|$$
(8-4)

公差是绝对值，没有正负之分。由于加工误差不可避免，所以公差不能取零值。

从加工的角度看，基本尺寸相同的零件，公差值越大，加工就容易，反之加工就越困难。

二、配合的术语及其定义

1. 配合

公称尺寸相同的、相互结合的孔和轴公差带之间的关系称为配合。

配合的种类有：

（1）间隙配合。具有间隙（包括最小间隙等于零）的配合。间隙配合孔公差带在轴的公差带之上。如图 8-5 所示。

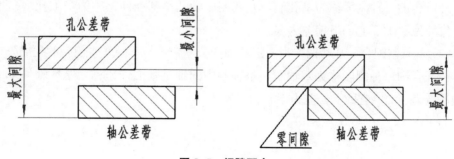

图 8-5　间隙配合

（2）过盈配合。具有过盈（包括最小过盈等于零）的配合。过盈配合轴公差带在孔的公差带之上。如图 8-6 所示。

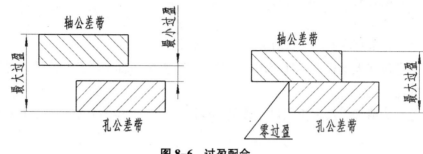

图 8-6 过盈配合

（3）过渡配合。可能具有间隙或过盈的配合，过渡配合时，孔公差带与轴的公差带相互交叠。如图 8-7 所示。

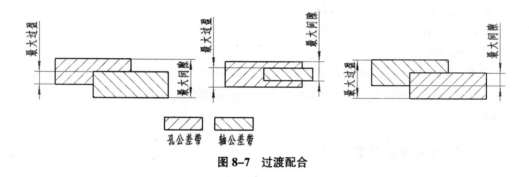

图 8-7 过渡配合

2. 配合制

配合的性质由相配合的孔、轴公差带的相对位置决定，因而改变孔和轴的公差带位置，就可以得到不同性质的配合。国家标准对孔和轴公差带之间的关系规定了两种基准制度，即基孔制和基轴制。

（1）基孔制配合。基本偏差为一定的孔的公差带，与不同基本偏差的轴的公差带形成各种配合的一种制度称为基孔制。基孔制中的孔是基准件，称为基准孔。基准孔的偏差代号为"H"，它的下偏差为零。

（2）基轴制配合。基本偏差为一定的轴的公差带，与不同基本偏差的孔的公差带形成各种配合的一种制度称为基轴制。基轴制中的轴是基准件，称为基准轴。基准轴的偏差代号为"h"，它的上偏差为零。

配合制	基孔制	基轴制
简图	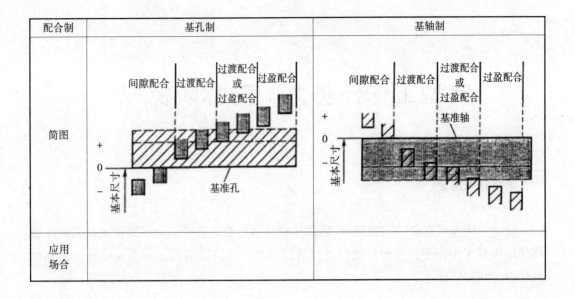	
应用场合		

典型工作任务九　对称阶梯配

　　某企业因发展需要，需招聘 40 名数控机床售后服务人员，为了能让这批新员工能尽快地满足工作需要，需要对他们进行适当的钳加工技能培训，故设立此科目，利用两周的时间加以训练。

学习活动一　接受任务，制订加工计划

 学习目标

- 能接受任务，明确任务要求；
- 看懂分析图样；
- 制定加工步骤，编制加工工艺卡。
  建议学时：2 周

 学习过程

一、学习准备

图纸、任务书、教材。

二、引导问题

（1）参照加工图纸图 9-1，明确加工要求。

1）在加工的过程中，应该先加工凹件还是凸件？为什么？

128

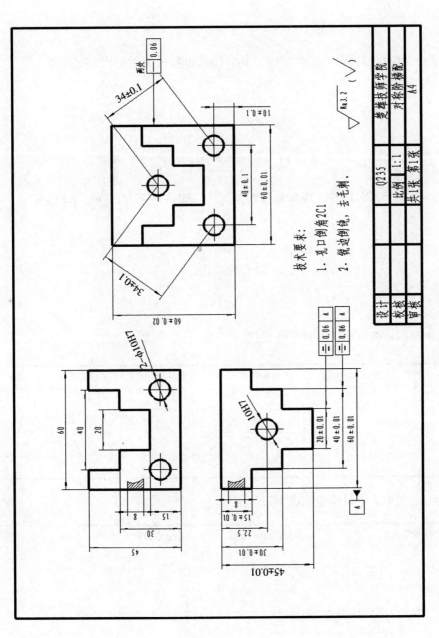

图 9-1 加工图纸

2）加工内表面时，为什么要保证基准面的精度要求？

3）在做配合修锉时，怎样来确定其修锉部位和余量逐步达到配合要求？

（2）分组学习各项操作规程和规章制度，小组摘录要点，做好学习记录。

（3）根据你的分析，安排工作进度。

序　号	开始时间	结束时间	工作内容	工作要求	备　注

（4）根据小组成员特点完成下表。

小组成员名单	成员特点	小组中的分工	备　注

（5）小组讨论记录（小组记录需有：记录人、主持人、日期、内容等要素）。

学习活动二　加工前的准备

 学习目标

- 能通过小组讨论制定对称阶梯配加工工艺，并填写加工工艺卡；
- 能独立填写零件加工工艺卡；
- 能认知对称阶梯配加工过程中所需的工具、量具及设备。

  建议学时：6 课时；学习地点：微机教室

 **学习过程**

一、学习准备

机床设备的使用说明书、教材。

二、引导问题

（1）结合本课题的要求，简述锉配加工时的注意事项。

（2）怎样选择划线基准？为什么？

（3）通过编写该配合件的加工工艺，分析配合部分在加工时的先后顺序？为什么？

（4）加工过程中，应怎样去除凹件部分的余料？

（5）列出你所需要的工量具及刀具：

序　号	名　称	规　格	精　度	数　量	用　途
1					
2					
3					
4					
5					
6					
7					

（6）填写加工工艺卡。

学习活动三　　阶梯配件的制作

 学习目标

- 能准备好加工工件所需的工具、量具；
- 能合理地选用并熟练规范地使用各种工具、量具及设备；

- 能安全地使用钻床进行工艺孔、排孔以及所需孔加工的操作；
- 能安全规范地使用工具去除工件余料；
- 能正确地选用锉刀加工不同位置的轮廓形状；
- 能正确地选择加工基准加工零件；
- 能正确选择测量基准和量具，对零件进行测量；
- 能按照"7S"管理规范实施作业。

建议学时：12 课时；学习地点：钳工一体化工作站

 学习过程

一、领料

分组从指导老师处领取毛坯并检查是否满足制作要求。

二、工量具、设备准备

（1）根据制定的工艺卡选用工量具、设备，并按清单准备工量具。

序号	名　称	规格或型号	加工或测量精度	功能用途
1				
2				
3				
4				
5				
6				
7				
8				
9				
10				
11				
12				
13				
14				
15				
16				
17				
18				
19				

续表

序号	名　称	规格或型号	加工或测量精度	功能用途
20				
21				
22				

（2）划线时应如何选择划线基准？

（3）划线时应如何划出对称中心线？

（4）如何测量并保证阶梯配件凸凹部分的对称度？

学习活动四　产品质量检测及误差分析

 学习目标

- 了解产品的检验过程；
- 通过检验、分析和对比发现自己存在的问题；
- 学习各种检验工具的使用。

 学习过程

请通过网络和其他方法了解产品检验的相关知识并完成以下工作：

（1）请根据检验需要列出你需要准备的工具和量具清单：

序 号	名 称	规 格	精 度	数 量	用 途	使用方法
1						
2						
3						
4						
5						
6						
7						
8						
9						
10						

（2）按以下评分标准表检测你的对称阶梯配是否合格：

序号	项目	配分	检查内容	评分标准	检测记录	扣分	得分
1	锉削	5	45±0.01mm	超差不得分			
		5	60±0.01mm	超差不得分			
		5	20±0.01mm	超差不得分			
		5	40±0.01mm	超差不得分			
		5	15±0.01mm	超差不得分			
		5	30±0.01mm	超差不得分			
		6	⟂ 0.06 A	超差不得分			
		6	— 0.06	超差不得分			
		6	Ra3.2μm	超差不得分			
2	孔	6	φ10H7（3处）	超差不得分			
		4	孔距40±0.1mm	超差不得分			
		4	孔距34±0.1mm	超差不得分			
3	配合	30	配合间隙<0.1mm	超差0.02扣5分，超差>0.03不得分			
		8	错位量<0.1mm	超差0.02扣5分，超差>0.03不得分			
4	安全文明生产		遵守安全操作规程，正确使用工具、夹、量具，操作现场整洁	按到达规定的标准程度评分，一项不符合要求在总分中扣2~5分，总扣分不超过10分			
			安全用电、防火，无人身、设备的事故	因违规操作造成重大人身事故的此卷按0分计算			
5	分数合计	100					

学习活动五　工作总结与评价

 学习目标

- 能清晰合理地撰写总结；
- 能有效进行工作反馈与经验交流。

 学习过程

一、学习准备

任务书、数据的对比分析结果、电脑等。

二、引导问题

(1) 请简单写出本次工作的最大收获。

(2) 分析本次学习任务过程中存在的问题并提出解决方法。

(3) 本次学习任务中你做得最好的一项或几项内容是什么？

(4) 完成工作总结并提出改进意见。

 评价与分析

活动过程评价表

班级: _____ 姓名: _____ 学号: _____ ____年___月___日

评价项目及标准		分数	自我评价 (10%)	小组评价 (30%)	教师评价 (60%)
操作技能	1. 检测工量具的正确规范使用	10			
	2. 动手能力强, 理论联系实际, 善于灵活应用	10			
	3. 检测的速度	10			
	4. 熟悉质量分析、结合实际, 提高自己的综合实践能力	10			
	5. 检测的准确性	10			
	6. 通过检测, 能对加工工艺进行合理性分析	10			
实习过程	1. 查阅、收集资料情况 2. 任务完成情况 3. 成果展示情况 4. 纪律观念 5. 实训安全操作 6. 检测工件规范情况 7. 平时出勤情况 8. 检测完成质量 9. 检测的速度与准确性 10. 每天对工量具的整理保管及场地卫生清扫情况	30			
情感态度	1. 师生互动 2. 良好的劳动习惯 3. 组员的交流、合作 4. 动手操作的兴趣、态度、积极主动性	10			
小 计		100			
总 计					
工件检测得分			综合测评得分		
简要评述					

注: 综合测评得分 = 总计 × 50% + 工件检测得分 × 50%。

任课教师签字: _____

 知识链接

一、平面划线相关知识

1. 划线基准的选择

在划线时选择工件上的某个点、线、面作为依据, 用来确定工件的各部分尺寸、几何形状及工件各要素的相对位置, 此依据称为划线基准。在零件图样上, 用来确定其他点、线、面位置的基准, 称为设计基准。划线应该从基准开始, 选择划线基准的基本原则是: 尽可能使划线基准和设计基准重合。这样便于直接量取尺寸, 简化尺寸

换算过程。划线前应该先涂色，常用的涂料有石灰水和蓝油，石灰石主要用于铸件毛坯的涂色，蓝油主要用于已加工表面的涂色。

划线基准一般有以下三种类型：

$$\left\{\begin{array}{l}\text{以两个互相垂直的平面为基准}\\\text{以两条互相垂直的中心线为基准}\\\text{以一个平面和一条中心线为基准}\end{array}\right.$$

2. 划线要求

线条清晰、粗细均匀、圆弧连接圆滑。尺寸误差不大于±0.05mm。

二、孔加工的相关知识

（1）钻床转速 n 的计算。

$$n = \frac{1000v}{\pi d}\ (\text{r/min})$$

其中，v 为切削速度（m/min）；d 为钻头直径（mm）。

（2）钻头的选择。

铰孔余量

铰孔直径（mm）	<5	5~20	21~32	33~50	51~70
铰削余量（mm）	0.1~0.2	0.2~0.3	0.3	0.5	0.8

三、锉配的相关知识

1. 锉配方法

（1）锉配时，由于工件的外表面比内表面容易加工和测量，易于达到较高精度，故一般应先加工凸件，然后锉配凹件。

（2）加工内表面时，为了便于控制尺寸，一般应选择有关表面作为测量基准，因此加工外形基准面时必须达到较高的精度要求才能保证规定的锉配精度。

（3）在做配合修锉时，可通过透光法和涂色显示法来确定其修锉部位和余量，逐步达到正确的配合要求。

2. 对称度的概念

（1）对称度误差是指被测表面的对称平面与基准表面的对称平面间的最大偏移距离 Δ，如图 9-2（a）所示。

（2）对称度公差带是指相对基准中心平面对称配置的两个平行面之间的区域，两平行面距离即为公差值，如图 9-2（b）所示。

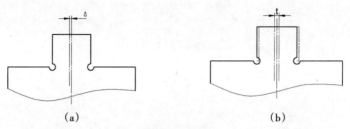

（a）　　　　　　　　　　　（b）

图 9-2　对称度

3. 对称度误差的测量

（1）对称度误差的测量方法。测量被测表面与基准表面的尺寸 A 和 B，其差值的一半即为对称度误差值，如图 9-3 所示。

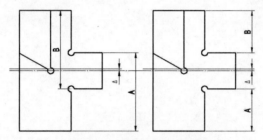

图 9-3　对称度误差的测量

（2）对称形体工件的划线。对于平面对称度工件的划线，应在形成对称中心平面的两个基准面精加工后进行。划线基准与该两基准面重合，划线尺寸则按两个对称度基准平面间的实际尺寸及对称要素的要求尺寸计算得出。

（3）对称度误差对转位互换精度的影响。当凹、凸件都有对称度误差 0.05mm，且在一个同方向位置配合达到间隙要求后，工件两侧面平齐，而转位 180° 做配合，就会产生两基准面错位误差，其总值为 0.10mm。

第二部分　高级工

典型工作任务一　錾口榔头加工

錾口榔头是生产和实训中常用的工具，根据材料和形状的不同其加工方法和制造过程也有所差异，现在学校实习厂有一批 50 把的生产任务。请就錾口榔头的制造材料、形状、坯料等信息进行调研，并在认真识图、读图的基础上完成如下项目并在全班进行汇报。

学习活动一　接受任务，制订加工计划

 学习目标

- 接受任务，明确任务要求；
- 看懂分析图样；
- 制定加工步骤，编制加工工艺卡。

 学习过程

一、学习准备

图纸（见图 1-1）、任务书、教材、网络。

二、小组分工

请根据小组成员特点完成下表：

小组成员名单	成员特点	小组中的分工	备　注

143

小组成员名单	成员特点	小组中的分工	备　注

三、图纸分析

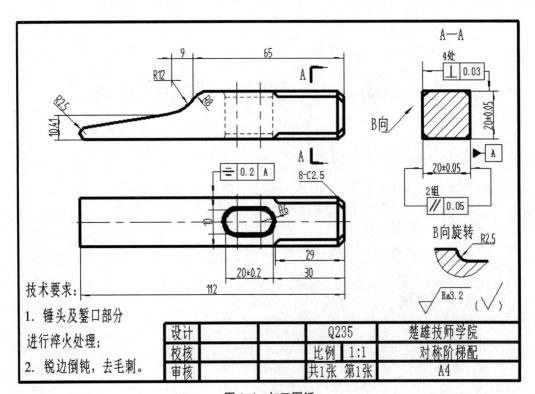

技术要求：

1. 锤头及錾口部分进行淬火处理；

2. 锐边倒钝，去毛刺。

设计			Q235	楚雄技师学院
校核			比例　1:1	对称阶梯配
审核			共1张　第1张	A4

图 1-1　加工图纸

四、引导问题

请在市场调理、查阅资料后，回答以下问题：

(1) 市场上的小锤通常由什么材料制成？它们的用途有什么不同？

(2) 工厂中的小锤通常是怎么生产的？它们都用到哪些设备？学校有哪些设备？

识读零件图，回答以下问题：

(1) 根据图中的尺寸标注找出图中的制图基准，思考这些基准是否可以作为划线和加工的基准？

(2) 零件图中的 ⊥ | 0.03 、 // | 0.05 和 = | 0.2 | A 是什么意思？

五、制定工艺

请给錾口榔头制定一个合理的生产工艺，并编制工艺卡片：

工　序	工　步	操作内容	使用工具

续表

工　序	工　步	操作内容	使用工具

学习活动二　加工前的准备

 学习目标

- 能通过各种渠道收集相关资料；
- 能借助相关手册，查阅 45 钢的性能和用途；
- 查阅铣床的相关知识；
- 查阅热处理中淬火的相关知识。

 学习过程

一、学习准备

机床设备的使用说明书、教材、网络。

二、引导问题

（1）什么是 45 钢？45 钢的性能有哪些？它有什么用途？

（2）什么是淬火？淬火的目的是什么？请给錾口榔头制定一个合理的淬火工艺。

（3）请描述铣床的加工特点和用途。

（4）铣床的安全操作规程有哪些？

（5）怎么样对铣床进行日常维护？

（6）怎么校正铣床工作台上虎钳的精度？

（7）小组讨论记录（小组记录需有：记录人、主持人、日期、内容等要素）。

三、展示

请每组派一个代表将小组的学习结果及讨论结果向大家展示。

学习活动三　錾口榔头的制作

 学习目标

- 学习铣床的基本操作；
- 立体划线；
- 进一步熟练和强化钻孔技能；
- 学习圆弧的锉削和检测；
- 学习淬火方法。

 学习过程

一、学习准备

图纸、刀具、刃具、工具、量具。

二、制订工作计划

序　号	开始时间	结束时间	工作内容	工作要求	备　注

三、领料和毛坯准备

四、工具、量具准备

请根据生产实际要求列出需要准备的工具和量具清单：

序号	名称	规格	精度	数量	用途
1					
2					
3					
4					

序号	名称	规格	精度	数量	用途
5					
6					
7					

五、加工过程和引导问题

1. 铣削四个表面

什么是粗铣、什么是精铣？精铣可以达到的表面精度和尺寸精度是多少？

2. 划线

（1）立体划线和平面划线有什么不同？

（2）立体划线和平面划线用到的工具有何不同？

3. 钻孔

小锤在钻腰形孔的过程中要注意什么问题？

4. 锉削加工

圆弧面锉削和平面锉削有何不同？

5. 精修检查

6. 淬火

（1）小锤淬火的目的是什么？

（2）淬火过后的小锤是否可以进行铣削？为什么？

学习活动四　产品质量检测及误差分析

 学习目标

- 了解产品的检验过程；
- 通过检验、分析和对比发现自己存在的问题；
- 学习各种检验工具的使用。

 **学习过程**

请通过网络和其他方法了解产品检验的相关知识并完成以下工作：

（1）请根据检验要求列出需要准备的工具和量具清单：

序　号	名　称	规　格	精　度	数　量	用　途
1					
2					

续表

序 号	名 称	规 格	精 度	数 量	用 途
3					
4					
5					
6					
7					
8					
9					
10					

（2）通过自检或互检的方法对生产的产品进行质量检测并填写评分表：

序号	检测项目及要求		检测结果	配分	评分标准	扣分	得分
1	四个平面	20±0.05mm（2处）		6分	超差不得分		
		⊥ 0.03		4分	超差不得分		
		∥ 0.05		4分	超差不得分		
2	腰形孔加工	R6（2处）		6分	超差不得分		
		20±0.2mm		6分	超差不得分		
		孔口倒角（2面）		6分	超差不得分		
		⊜ 0.20 A		4分	超差不得分		
3	圆弧斜面	R8		4分	超差不得分		
		R12		4分	超差不得分		
		R2.5		4分	超差不得分		
4	其他	倒角（8处）		16分			
		总体效果		10分	根据总体效果评分		
		有无加工缺陷		10分	无加工缺陷不扣分		
5	安全文明生产			16分	无人身安全事故，工量具、设备使用规范、整洁不扣分		
6	总分			100分			

学习活动五　工作总结与评价

 学习目标

- 能选用合适的形式，进行小锤加工过程和成品的展示；
- 能总结出通过加工小锤所获得的工作经验；
- 能清晰合理地撰写总结；
- 能有效进行工作反馈与经验交流。

学习过程

参观其他同学的工作成果，交流学习加工心得并完成以下问题：

(1) 通过加工小锤的技能训练，你在钳加工技术方面又学到了哪些知识与技能？

(2) 对你的工作过程满意吗？试述你对本次任务学习的心得体会。

 评价与分析

活动过程评价表

班级：_____　　姓名：_____　　学号：_____　　　　_____年___月___日

评价项目及标准		分数	自我评价 (10%)	小组评价 (30%)	教师评价 (60%)
操作技能	1. 检测工量具的正确规范使用	10			
	2. 动手能力强，理论联系实际，善于灵活应用	10			
	3. 检测的速度	10			
	4. 熟悉质量分析、结合实际，提高自己的综合实践能力	10			
	5. 检测的准确性	10			
	6. 通过检测，能对加工工艺进行合理性分析	10			
实习过程	1. 查阅、收集资料情况 2. 任务完成情况 3. 成果展示情况 4. 纪律观念 5. 实训安全操作 6. 检测工件规范情况 7. 平时出勤情况 8. 检测完成质量 9. 检测的速度与准确性 10. 每天对工量具的整理保管及场地卫生清扫情况	30			
情感态度	1. 师生互动 2. 良好的劳动习惯 3. 组员的交流、合作 4. 动手操作的兴趣、态度、积极主动性	10			
小　计		100			
总　计					
工件检测得分			综合测评得分		
简要评述					

注：综合测评得分=总计×50% + 工件检测得分×50%。

任课教师签字：_____

 知识链接

一、基准

　　基准在机械制造中应用十分广泛，机械产品从设计时零件尺寸的标注、制造时工件的定位、校验时尺寸的测量，一直到装配时零部件装配位置的确定等，都要用到基准的概念。基准就是用来确定生产对象上几何关系的点、线或面。

　　基准分为：①设计基准。②工艺基准。

　　工艺基准分为：①工序基准。② 定位基准。③测量基准。④装配基准。

基准的确定原则：

（1）设计基准反映了零件设计要求，一般把它作为主要基准，重要尺寸一般由设计基准标出。

（2）工艺基准反映了零件加工、测量方面的要求，必须兼顾。

（3）在选择尺寸基准时，最好能把设计基准和工艺基准统一起来（基准重合）。

尺寸基准的选择，是个十分重要的问题。因为基准是否正确，关系到整个零件的尺寸标注的合理性。尺寸基准选择不当，零件的设计要求将无法保证，并给零件的加工测量带来困难。

二、淬火

钢的淬火是将钢加热到临界温度 A_{c3}（亚共析钢）或 A_{c1}（过共析钢）以上温度，保温一段时间，使之全部或部分奥氏体化，然后以大于临界冷却速度的冷速快冷到 M_s 以下（或 M_s 附近等温）进行马氏体（或贝氏体）转变的热处理工艺。常用的淬冷介质有盐水、水、矿物油、空气等。

淬火的目的是使过冷奥氏体进行马氏体或贝氏体转变，得到马氏体或贝氏体组织，然后配合以不同温度的回火，以大幅提高钢的刚性、硬度、耐磨性、疲劳强度以及韧性等，从而满足各种机械零件和工具的不同使用要求。也可以通过淬火满足某些特种钢材的铁磁性、耐蚀性等特殊的物理、化学性能。

淬火工艺包括加热、保温、冷却三个阶段。

淬火加热温度：以钢的相变临界点为依据，加热时要形成细小、均匀的奥氏体晶粒，淬火后获得细小的马氏体组织。碳素钢的淬火加热温度范围如下表所示。

碳素钢的淬火加热温度范围

中国牌号	临界点（℃）		淬火温度（℃）
	A_{c1}	$A_{c3}(A_{cm})$	
20	735	855	890~910
45	724	780	830~860
60	727	760	780~830
T8	730	750	760~800
T12	730	820	770~810
40Cr	743	782	830~860
60Si2Mn	755	810	860~880
9CrSi	770	870	850~870
5CrNiMo	710	760	830~860
3Cr2W8V	810	1100	1070~1130
GCr15	745	900	820~850
Cr12MoV	810	—	980~1150
W6Mo5Cr4V2	830	—	1225~1235

钢　种	等温温度（℃）	等温时间（min）	牌　号	等温温度（℃）	等温时间（min）
65	280~350	10~20	GCr9	210~230	25~45
65Mn	270~350	10~20	9SiCi	260~280	30~45
55Si2	300~360	10~20	Cr12MoV	260~280	30~60
60Si2	270~340	20~30	3Cr2W8	280~300	30~40
T12	210~220	25~45			

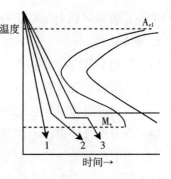

图1-2　淬火加热温度范围

淬火加热温度范围：

由图1-2示出的淬火温度选择原则也适用于大多数合金钢，尤其低合金钢。亚共析钢加热温度为 A_{c3} 以上 30℃~50℃。从图上看，高温下钢的状态处在单相奥氏体（A）区内，故称为完全淬火。

淬火保温：淬火保温时间由设备加热方式、零件尺寸、钢的成分、装炉量和设备功率等多种因素确定。对整体淬火而言，保温的目的是使工件内部温度均匀一致。对各类淬火，其保温时间最终取决于能在要求淬火的区域获得良好的淬火加热组织。

加热与保温是影响淬火质量的重要环节，奥氏体化获得的组织状态直接影响淬火后的性能。一般钢件奥氏体晶粒须控制在 5~8 级。

淬火冷却：要使钢中高温相（奥氏体）在冷却过程中转变成低温亚稳相（马氏体），冷却速度必须大于钢的临界冷却速度。

冷却过程中，表面与芯部的冷却速度有一定差异，如果这种差异足够大，则可能造成大于临界冷却速度部分转变成马氏体，而小于临界冷却速度的芯部不能转变成马氏体的情况。为保证整个截面上都转变为马氏体需要选用冷却能力足够强的淬火介质，以保证工件芯部有足够高的冷却速度。但是冷却速度大，工件内部由于热胀冷缩不均匀造成内应力，可能使工件变形或开裂。因而要考虑上述两种矛盾因素，合理选择淬火介质和冷却方式。冷却阶段不仅要让零件获得合理的组织，达到所需要的性能，而且要保持零件的尺寸和形状精度，因此，冷却阶段是淬火工艺过程的关键环节。

三、铣床

铣床用途广泛，在铣床上可以加工平面（水平面、垂直面）、沟槽（键槽、T形槽、燕尾槽等）、分齿零件（齿轮、花键轴、链轮）、螺旋形表面（螺纹、螺旋槽）及各种曲面。此外，还可用于回转体表面、内孔加工及进行切断工作等。铣床在工作时，工件装在工作台上或分度头等附件上，铣刀旋转为主运动，辅以工作台或铣头的进给运动，工件即可获得所需的加工表面。由于是多刃断续切削，因而铣床的生产率较高。

工具钳工实训

简单来说，铣床可以对工件进行铣削、钻削和镗孔加工。

1. 安全规则

（1）装卸工件，必须移开刀具，切削中头、手不得接近铣削面。

（2）使用旭正铣床对刀时，必须慢进或用手摇进，不许快进，走刀时，不准停车。

（3）快速进退刀时注意旭正铣床手柄是否会打人。

（4）进刀不许过快，不准突然变速，旭正铣床限位挡块应调好。

（5）上下及测量工件、调整刀具、紧固变速时，均必须停止旭正铣床。

（6）拆装立铣刀时，工作台面应垫木板，拆平铣刀扳螺母时，用力不得过猛。

（7）严禁手摸或用棉纱擦转动部位及刀具，禁止用手去托刀盘。

（8）一般情况下，一个夹头一次只能夹一个工件。因为一个夹头一次夹一个以上的工件，即使夹得再紧，初进刀时受力很大，两个工件之间很容易滑动，导致工件飞出，刀碎、伤人事故发生。

2. 维修保养

铣床例保作业范围（1）：

（1）床身及部件的清洁工作，清扫铁屑及周边环境卫生。

（2）检查各油平面，不得低于油标以下，加注各部位润滑油。

（3）清洁工具、夹具、量具。

铣床例保作业范围（2）：

（1）清洗调整工作台、丝杆手柄及柱上镶条。

（2）检查、调整离合器。

（3）清洗三向导轨及油毛毡，电动机、机床内外部及附件清洁。

（4）检查油路，加注各部位润滑油。

（5）紧固各部螺丝。

铣床周期保养作业范围：

（1）清洁。①拆卸清洗各部油毛毡垫；②擦拭各滑动面和导轨面，擦拭工作台及横向、升降丝杆，擦拭走刀传动机构及刀架；③擦拭各部死角。

（2）润滑。①各油孔清洁畅通并加注润滑油；②各导轨面和滑动面及各丝杆加注润滑油；③检查传动机构油箱体、油面，并加油至标高位置。

（3）扭紧。①检查并紧固压板及镶条螺丝；②检查并扭紧滑块固定螺丝、走刀传动机构、手轮、工作台支架螺丝、叉顶丝；③检查扭紧其他部位松动螺丝。

（4）调整。①检查和调整皮带、压板及镶条松紧适宜；②检查和调整滑块及丝杆螺母。

（5）防腐。①除去各部锈蚀，保护喷漆面，勿碰撞；②停用、备用设备导轨面、滑动丝杆手轮及其他暴露在外易生锈的部位涂油防腐。

156

班前保养：

（1）开车前检查各油池是否缺油，并按照润滑图，使用清净的机油进行一次加油。

（2）检查电源开关外观和作用是否良好，接地装置是否完整。

（3）检查各部件螺钉、手柄、手球及油杯等有无松动和丢失，如发现应及时拧紧和补齐。

（4）检查传动皮带状况。

（5）检查电器安全装置是否良好。

班中保养：

（1）观察电机、电器的灵敏性、可靠性、温升、声响及振动等情况。

（2）检查电器安全装置的灵敏和可靠程度。

（3）观察各传动部件的温升、声响及振动等情况。

（4）时刻检查床身和升降台内的柱塞油泵的工作情况，当机床在运转中而指示器内没有油流出时，应及时进行修理。

（5）发现工作台纵向丝杠轴向间隙及传动有间隙，应按说明要求进行调整。

（6）主轴轴承的调整。

（7）工作台快速移动离合器的调整。

（8）传动皮带松紧程度的调整。

班后保养：

工作后必须检查、清扫设备，做好日常保养工作，将各操作手柄（开关）置于空挡（零位），关闭电源开关，达到整齐、清洁、润滑、安全。

定期保养：

（1）每3个月清洗床身内部、升降台内部和工作台底座的润滑油池，用汽油清洗润滑油泵的游油网，每年不少于两次。

（2）升降丝杠用二硫化铝油剂每两月润滑一次。

（3）机床各部间隙的调整。

1）主轴润滑的调整，必须保证每分钟有一滴油通过。

2）工作台纵向丝杠传动间隙的调整，每3个月调整或根据实际使用情况进行调整，要求是传动间隙充分减小，丝杠的间隙不超过1/40转，同时在全长上都不得有卡住现象。

3）工作台纵向丝杠轴向间隙的调整，目的是消除丝杠和螺母之间的传动间隙，同时还要使丝杠在轴线方向与工作台之间的配合间隙达到最小。

4）主轴轴承径向间隙的调整，根据实际使用情况进行调整。

3. 工作台快速移动离合器的调整要求

（1）摩擦离合器脱开时，摩擦片之间的总和间隙不应该少于2~3mm。

（2）摩擦离合器闭合时，摩擦片应紧密地压紧，并且电磁铁的铁芯要完全拉紧，如果电磁铁的铁芯配合得正确，在拉紧状态中电磁铁不会有响声。

四、校正铣床工作台上虎钳的精度

（1）擦拭床台及铣床虎钳底座，并以 T 形螺帽将铣床虎钳固定于铣床上。

（2）将磁性座固定在床柱上，装上量表并使探针微接触钳口。

（3）左右移动床台使探针由铣床虎钳钳口移至另一端，检查量表读数是否不同。若不同则以软头槌轻敲铣床虎钳侧边，正确无误后将铣床虎钳锁紧。

五、立体划线

同时要在工件的几个不同表面上划出加工界线，叫做立体划线。

除一般平面划线工具、划线盘和高度尺以外，还有下列几种工具：

1. 方箱

用于夹持工件并能翻转位置而划出垂直线。一般附有夹持装置或制有 V 形槽。

2. V 形铁

通常是两个 V 形铁一起使用，用来安放圆柱形工件，划出中线、找正中心等。

3. 直角铁

可将工件夹在直角铁的垂直面上进行划线。装夹时可用 C 形夹头或压板。

可调节支承：

上图为锥形千斤顶，通常三个为一组，用于支撑不规则的工件。带 V 形铁的千斤顶，用于支承工件的圆柱面。

划线时工件的放置与找正基准的方法：

选择确定工件安放基准要保证工件安放时平稳、可靠，并能方便地找正工件的主要线条与划线平台平行。为使工件在平台上处于正确位置，必须确定好找正基准。一般选择原则如下：选择工件上与加工部位有关，而且比较直观的面（如凸台、对称中心或非加工的自由表面等）作为找正基准，使非加工面与加工面之间厚度均匀，并使其形状反映误差在次要部位或不显著部位。选择有装配关系的非加工部位作为找正基准，以保证工件划线和加工后，能顺利进行装配。在多数情况下，还必须有一个与划线平台垂直（或成一定角度）的找正基准，以保证该位置的非加工面与加工面之间的厚度均匀。

划线步骤的确定：

划线前，必须先确定各部门各个划线表面的先后划线顺序及各位置的尺寸基准。尺寸基准的选择原则是：应与图样所用的基准（设计基准）一致，这样就能直接量取划线尺寸，避免因尺寸的换算而增加划线误差。以精度高或加工余量少的形面作为尺寸基准，以保证主要形面的顺利加工和便于安排其他形面的加工位置。当毛坯在尺寸、形状和位置上存在误差和缺陷时，可将所选的尺寸基准进行必要的调整，即划线借料，使各加工面都有必要的加工余量，并使其误差和缺陷能在加工后排除。

安全措施：

工件应在支承处打好样冲点，使工件稳固地放在支承点上，防止倾倒。对较大的工件，应增加附加支承，使其安放稳定可靠。在对较大的工件划线，必须使用行车吊运时，绳索应安全可靠，吊装的方法应正确。大件放在平台上，用千斤顶顶上时，工件下应垫上木块，以保证安全。调整千斤顶高低时，不可用手直接调节，以防止工件掉下砸伤手。

典型工作任务二 圆弧背向镶配件的制作

钳工组接到了 10 个圆弧背向镶配工艺品的制作订单，要求在 5 个工作日内制作完成，并交付检验。

学习活动一 接受任务，制订加工计划

 学习目标

- 能读懂生产任务单，明确加工任务，并通过独立查询资料正确表述配合的种类和用途；
- 能制订科学合理的加工计划。

 学习过程

一、学习准备

图纸（见图 2-1）、任务书、教材。

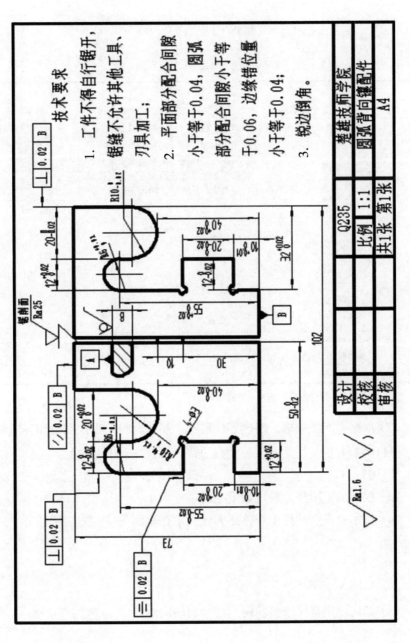

图 2-1 加工图样

161

二、引导问题

（1）阅读生产任务单，明确工作任务。

圆弧背向镶配件生产任务单

单号：＿＿＿＿＿＿＿＿＿＿＿　开单时间：＿＿＿年＿＿月＿＿日

开单部门：＿＿＿＿＿＿＿＿＿＿＿　开单人：＿＿＿＿＿＿＿＿

接单人：＿＿＿＿部＿＿＿＿组＿＿＿＿　签名：＿＿＿＿＿＿＿＿

以下由开单人填写				
序号	产品名称	材料	数量	技术标准、质量要求
1	圆弧背向镶配件	45钢	10	按图样要求
任务细则	1. 到仓库领取相应的材料 2. 根据现场情况选用合适的工量具和设备 3. 根据加工工艺进行加工，交付检验 4. 填写生产任务单，清理工作场地，完成设备、工量具的维护保养			
任务类型	机加工（　）　　钳加工（　）		完成工时	30
以下由接单人和确认方填写				
领取材料			仓库管理员（签名） 　年　　月　　日	
领取工量具				
完成质量 （小组评价）			班组长（签名） 　年　　月　　日	
用户意见 （教师评价）				
改进措施				

注：生产任务与零件图样、工艺卡一起领取。

（2）根据生产任务单，明确零件名称、制作材料、零件数量和完成时间。

零件名称：＿＿＿＿＿＿＿＿＿＿　制作材料：＿＿＿＿＿＿＿＿

零件数量：＿＿＿＿＿＿＿＿＿＿　完成时间：＿＿＿＿＿＿＿＿

（3）根据加工图样，确定加工毛坯尺寸大小：＿＿＿＿＿＿＿＿＿＿。

（4）技术要求中的件1与件2为什么要在检测评分时才能锯断？

（5）如何使用塞尺来检验两个结合面的间隙？

（6）图样中圆弧背向镶配件是间接锉配，直接锉配和间接锉配有什么区别?

（7）写出简单的加工顺序。

（8）根据你的分析，安排工作进度。

序　号	开始时间	结束时间	工作内容	工作要求	备　注

（9）根据小组成员特点完成下表。

小组成员名单	成员特点	小组中的分工	备　注

（10）小组讨论记录（小组记录需有：记录人、主持人、日期、内容等要素）。

学习活动二　加工前的准备

 学习目标

- 能熟练绘制圆弧背向镶配件的板图；
- 能正确地选择量具、工具、设备及毛坯；
- 熟悉钻头的结构特点及几何角度对工件切削的影响；
- 知道企业 7S 管理内容。

 学习过程

一、学习准备

量块、杆杠百分表的使用说明书、教材。

二、引导问题

（1）量块的使用方法及注意事项。

（2）量块工作面的确定方法。

（3）杆杠百分表的使用方法及注意事项。

（4）杆杠百分表的读数方法及测量范围。

（5）企业 7S 管理的内容有哪些？

（6）写出下列工具的名称：

（7）列出所需要的工量具及刀具：

序　号	名　称	规　格	精　度	数　量	用　途
1					
2					
3					
4					
5					
6					
7					
8					
9					
10					

（8）请将圆弧背向镶配件的主要加工尺寸和几何公差要求填写在下面的表格中：

序　号	项目与技术要求	公差等级或偏差范围
1		
2		
3		
4		
5		
6		
7		
8		
9		
10		
11		
12		

学习活动三 圆弧背向镶配件的制作

 学习目标

- 能按照"7S"管理规范实施作业；
- 能合理地使用设备并正确地进行操作；
- 能正确地选择量具、工具进行零件加工；
- 能熟练操作精密量具对工件进行测量。

 **学习过程**

一、学习准备

图纸、刀具、刃具、工具、量具、毛坯。

二、引导问题

（1）划线时应如何选用划线基准？

（2）划线时圆弧部分应该怎么划？

（3）工件的加工顺序是什么。

（4）工件的凸凹圆弧，在加工中如何加工和测量？

（5）怎样控制工件中矩形凸凹件的尺寸？

（6）工件是间接锉配，那么加工过程中应该怎样控制尺寸的公差？

（7）在去除 R6 和 R10 圆弧余料时，可以采用什么方法？

（8）| ⊥ | 0.02 | B | 表示什么？

（9）铰刀的种类及铰削余量的选择。

(10) 攻螺纹底孔直径的确定。

(11) 攻螺纹的注意事项有哪些?

(12) 按工序及工步的方式，编写凸凹模的加工工艺卡片。

工 序	工 步	操作内容	使用工具

学习活动四　产品质量检测及误差分析

 学习目标

- 能正确检测工件各部分的尺寸;
- 能按照技术要求完成工作任务;
- 能解决加工过程中出现的技术问题。

 学习过程

一、学习准备

图纸、检测设备、检测量具。

二、引导问题

(1) R6 和 R10 的圆弧用什么方法进行检测?

(2) 配合间隙:平面部分≤0.04mm,曲面部分≤0.06mm,怎样检测?

(3) 工件锯断后如果不能配合,应该怎样进行评分?

（4）怎样检测工件中的表面粗糙度？

（5）工件中曲面部分有几个配合面，平面部分有几个配合面？

（6）怎样才能保证两个孔的尺寸精度？

（7）工件检测评分表：

序号	项目技术要求	配分	评分标准	检测结果	扣分	得分	备注
1	$32_0^{+0.02}$ mm	4	超差不得分				
2	$12_0^{+0.02}$ mm	3	超差不得分				
	$12_{-0.02}^{0}$ mm	3	超差不得分				
3	$10_0^{+0.01}$ mm	3	超差不得分				
	$10_{-0.01}^{0}$ mm	3	超差不得分				
4	$20_0^{+0.02}$ mm	3	超差不得分				
	$20_{-0.02}^{0}$ mm	3	超差不得分				
5	$40_{-0.02}^{0}$ mm	4	超差不得分				
6	$40_0^{+0.02}$ mm	4	超差不得分				
7	⊥ 0.02 B	6	超差不得分				
8	表面粗糙度 $R_a 1.6\mu m$	10	超差不得分				
9	$R6_0^{+0.01}$	2	超差不得分				
	$R6_{-0.01}^{0}$	2	超差不得分				
10	$R10_0^{+0.01}$	2	超差不得分				
	$R10_{-0.06}^{0}$	2	超差不得分				
11	// 0.02 B	6	超差不得分				
12	平面部分间隙≤0.04mm	15	超差不得分				
13	曲面部分间隙≤0.06mm	10	超差不得分				
14	错位量≤0.04mm	5	超差不得分				
15	安全文明生产	10	违反不得分				
16	总分	100	实际得分				

学习活动五　工作总结与评价

 学习目标

- 能清晰、合理地撰写总结；
- 能有效进行工作反馈与经验交流。

 **学习过程**

一、学习准备

任务书、数据的对比分析结果、电脑等。

二、引导问题

(1) 请简单写出本次最大收获。

(2) 分析本次学习任务过程中存在的问题并提出解决方法。

(3) 本次学习任务中你做得最好的一项或几项内容是什么？

（4）完成工作总结并提出改进意见。

评价与分析

活动过程评价表

班级：_____　　姓名：_____　　学号：_____　　_____年____月____日

评价项目及标准		分数	自我评价（10%）	小组评价（30%）	教师评价（60%）
操作技能	1. 检测工量具的正确规范使用	10			
	2. 动手能力强，理论联系实际，善于灵活应用	10			
	3. 检测的速度	10			
	4. 熟悉质量分析、结合实际、提高自己的综合实践能力	10			
	5. 检测的准确性	10			
	6. 通过检测，能对加工工艺进行合理性分析	10			
实习过程	1. 查阅、收集资料情况 2. 任务完成情况 3. 成果展示情况 4. 纪律观念 5. 实训安全操作 6. 检测工件规范情况 7. 平时出勤情况 8. 检测完成质量 9. 检测的速度与准确性 10. 每天对工量具的整理保管及场地卫生清扫情况	30			
情感态度	1. 师生互动 2. 良好的劳动习惯 3. 组员的交流、合作 4. 动手操作的兴趣、态度、积极主动性	10			
小　计		100			
总　计					
工件检测得分			综合测评得分		
简要评述					

注：综合测评得分=总计×50% + 工件检测得分×50%。

任课教师签字：_____

知识链接

一、锉削曲面

1. 曲面锉削方法

（1）锉削外圆弧面方法。锉削外圆弧面所用的锉刀都为板锉。锉削时锉刀要同时完成两个运动：前进运动和锉刀绕工件圆弧中心的转动（见图 2-2）。锉削外圆弧面的方法有两种：①顺着圆弧面锉［见图 2-2（a）］。锉削时，锉刀向前，右手下压，左手随着上提。②对着圆弧面锉［见图 2-2（b）］。锉削时，锉刀做直线运动，并不断随圆弧面摆动。

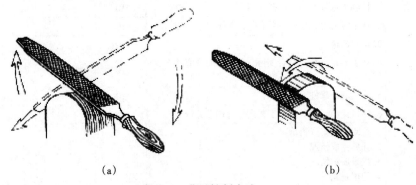

（a）　　　　　　　　　　　　　　　（b）

图 2-2　曲面锉削方法

（2）锉削内圆弧面方法。锉削内圆弧面的锉刀可选用圆锉或掏锉、半圆锉、方锉。锉削时锉刀要同时完成三个运动：前进运动、随圆弧面向左或向右移动和绕锉刀中心线转动。如图 2-3 所示。

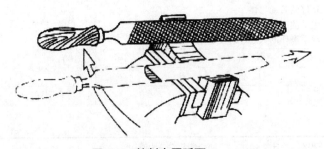

图 2-3　锉削内圆弧面

（3）平面与曲面的连接方法。在一般情况下，应先加工平面，然后加工曲面，便于使曲面与平面圆滑连接。如果先加工曲面后加工平面，则在加工平面时，由于锉刀侧面无依靠（平面与内圆弧面连接时）而产生移动，使已加工曲面损伤，同时连接处也不易锉得圆滑，或圆弧不能与平面相切（平面与外圆弧面连接时）。

（4）球面锉削方法。锉削圆柱形工件端部的球面时锉刀要以顺向和横向两种锉削运动结合进行才能获得要求的球面。如图 2-4 所示。

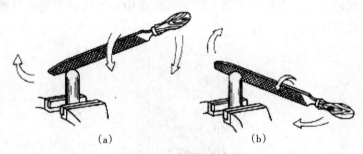

（a）　　　　　　　　（b）

图 2-4　球面锉削方法

（5）曲面线轮廓度检查方法。在进行曲面锉削练习时，曲面线轮廓度精度可用曲面样板通过塞尺或透光法进行检查。如图 2-5 所示。

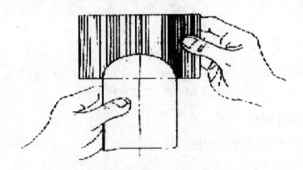

图 2-5　曲面线轮廓度检查方法

2. 推锉操作方法及其应用

由于推锉时锉刀的平衡易于掌握，且切削量小，因此便于获得较平整的加工表面和较小的表面粗糙度。推锉时的切削量很小，故一般常用作对狭长小平面或有凸台的狭平面［见图 2-6（a）］的平面度修整，以及使内圆弧面的锉纹面顺圆弧方向的精锉加工［见图 2-6（b）］。

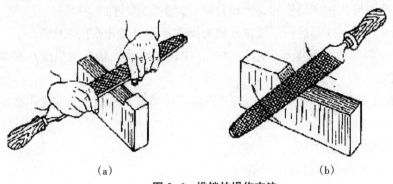

（a）　　　　　　　　（b）

图 2-6　推锉的操作方法

二、立式钻床

立式钻床简称立钻，主要用于钻、扩、锪、铰中小型工件上的孔及螺纹等。立式钻床的主要组成部分如图 2-7 所示。

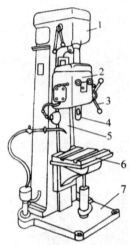

1—主轴变速箱　2—进给箱　3—进给手柄　4—主轴　5—立柱　6—工作台　7—底座

图 2-7　立式钻床

立式钻床安全操作规程：

（1）操作者必须严格遵守维护使用设备的四项要求，五项纪律。严禁超负荷使用设备。

（2）开车前，必须按照巡回检查点仔细进行检查，并按润滑图表进行润滑。

（3）停车 8 小时以上再开动设备时，应先低速转动 3~5 分钟，确认运转正常后，再开始作业。

（4）工作中必须正确安装辅助工具，钻套要符合标准，锥面必须清洁无划痕。

（5）工件必须正确牢固的装夹在工作台上，钻通孔时必须在底面垫上垫铁。

（6）工作中不采用自动进给时，必须将控制螺帽向里推。

（7）卸钻头时应用标准斜铁和铜锤轻轻敲打，不准用其他东西乱打。

（8）机床变速必须停车进行。设备开动后操作者不得离开或托人代管。

（9）工作中各轴承的温度不得超过 60℃，主轴轴承及主轴套的温度在最高转速时不得超过 70℃。

（10）工作中必须经常检查设备运转及润滑系统情况，如运转和润滑不良时，应停止使用设备。

（11）工作中严禁戴手套。

（12）非电工不准随意打开电器箱门。

（13）工作后须将手柄置于非工作位置，工作台降到最低位置，并切断电源。

立式钻床一级保养要求

序号	保养部位	保养内容及要求
1	外部保养	1. 清洗机床外表面及死角，拆洗各罩壳，要求内外清洁、无锈蚀、无污迹，漆见本色，铁见亮 2. 清除导轨面及工作台面上的磕碰毛刺 3. 检查、补齐螺钉、手柄和手球 4. 清洗工作台、丝杆、齿条和圆锥齿轮，要求无油垢
2	主轴箱和进给箱	1. 检查油质、油量是否符合要求 2. 清除主轴锥孔的毛刺 3. 检查调整电动机皮带，使松紧适当 4. 检查各手柄是否灵活，各工作位置是否可靠
3	润滑	要求油杯齐全，油路畅通，油窗明亮，油毡洁净
4	冷却	1. 清洗冷却泵、过滤器及冷却油槽 2. 检查冷却液管路，保证无渗漏现象
5	电器	清洁电动机及电器箱

三、碳素钢的基本知识

碳素钢简称碳钢，是最基本的铁碳合金。它是指在冶炼时没有特意加入合金元素，且含碳量大于 0.0218% 而小于 2.11% 的铁碳合金。由于容易冶炼、价格便宜、有较好的力学性能和优良的工艺性能。可满足一般机械零件、工具和日常轻工产品的使用要求。因此，碳钢在机械制造、建筑、交通运输中得到广泛应用。

1. 碳素钢的分类

（1）按钢的含碳量分类。

低碳钢：$C \leq 0.25\%$

中碳钢：$C = 0.25\% \sim 0.60\%$

高碳钢：$C \geq 0.60\%$

（2）按钢的质量分类。

普通钢：$S \leq 0.050\%$，$P \leq 0.045\%$

优质钢：$S \leq 0.035\%$，$P \leq 0.035\%$

高级优质钢：$S \leq 0.025\%$，$P \leq 0.025\%$

（3）按钢的用途分类。

结构钢。主要用于制造建筑结构件、工程结构件和各种机械零件。制造建筑结构件、工程结构件主要用（普通）碳素结构钢。机械零件制造多用优质碳素结构钢。含碳量小于 0.70%。

工具钢。主要用于制造各种刀具、量具和模具。含碳量大于 0.70%。

（4）按冶炼时脱氧程度的不同分类。

沸腾钢：脱氧程度不完全的钢。

镇静钢：脱氧程度完全的钢。

半镇静钢：脱氧程度介于沸腾钢和镇静钢之间的钢。

2. 碳素钢牌号及用途

（1）普通碳素结构钢。碳素结构钢是工程中应用最多的钢种，冶炼容易，工艺性好，价格便宜，产量大，在性能上能满足一般工程结构及普通零件的要求。通常轧制成钢板和各种型材，用于厂房、桥梁、船舶等建筑结构或一些受力不大的机械零件（如螺钉、螺母、铆钉）。

碳素结构钢牌号的组成：

屈服强度字母：Q——屈服强度，"屈"字汉语拼音字母字头。

屈服强度数值：单位为 MPa。

质量等级符号：A、B、C、D 四个等级，从 A 到 D 依次提高。

脱氧方法符号：F——沸腾钢，B——半镇静钢，Z——镇静钢，TZ——特殊镇静钢。

例如，Q235AF 表示屈服强度为 235Mpa 的 A 级沸腾钢。

（2）优质碳素结构钢。优质碳素结构钢的牌号用两位数字表示，这两位数表示钢平均含碳量的万分数。

例如，45 表示平均含碳量为 0.45% 的优质碳素结构钢；08 表示平均含碳量为 0.08% 的优质碳素结构钢。

（3）碳素工具钢。碳素工具钢用于制造刀具、模具和量具。由于大多数工具都要求高硬度和高耐磨性，故含碳量均在 0.70% 以上。

碳素工具钢的牌号以汉字"碳"的汉语拼音字母"T"及后面的阿拉伯数字表示，其数字表示钢中平均含碳量的千分数，如 T8 表示平均含碳量为 0.80% 的优质碳素工具钢。

（4）铸造碳钢。铸造碳钢一般用于制造形状复杂、力学性能要求较高的机械零件。这些零件形状复杂，难用锻造或机械加工方法制造，且力学性能要求较高，因而不能用铸铁来铸造。铸造碳钢广泛用于制造重型机械的某些零件，轧钢机机架、水压机横梁、锻锤、砧座。

铸造碳钢的牌号由"铸钢"二字的汉语拼音字母字头"ZG"加两组数字组成：第一组数字代表屈服强度，第二组数字代表抗拉强度。例如，ZG270-500 表示屈服强度不小于 270MPa，抗拉强度不小于 500MPa 的铸造碳钢。

四、钳工常用刀具材料

1. 切削部分的要求

（1）硬度高。常温下刀头硬度应在 60HRC 以上。

（2）耐磨性好。耐磨性指刀具抵抗工件磨损的性能。一般情况下刀具材料硬度越高，其耐磨性就越好。

（3）耐高温。高温下刀具还必须具备良好的切削性能。

(4) 高硬度。有足够的强度和韧性。

(5) 良好的工艺性能。工艺性能指刀头要具备可焊接、锻造、热处理及磨削等性能。

2. 钳工常用刀具材料

碳素工具钢、合金工具钢、高速钢、硬质合金。

典型工作任务三　制作进刀凸轮

学校接到某公司一批进刀凸轮的订单，要求在 4 个工作日内按照图样和技术要求完成 50 个进刀凸轮的加工，并交付检验、使用。

学习活动一　接受任务，制订加工计划

 学习目标

- 能读懂生产任务单，明确加工任务；
- 能写出进刀凸轮的工艺流程、各加工步骤及各步骤的具体内容；
- 能查阅资料，完成知识汇总并填写工作页。
  建议学时：4 课时；学习地点：钳工一体化工作站

 学习过程

一、学习准备

（1）阅读生产任务单，明确生产任务。

按照规定从生产管理处领取生产任务单并签字确认。完成如下项目：

发放零件工作任务单及加工图样（见图 3-1）（以情景模拟的形式，教师安排学生扮演角色，从资料室领取相关手册、领料单、刀具卡、工序单、检验卡、交接班记录、资料目录表）。

讲清楚各个任务单的功用，让学生充当资料管理员、仓库保管员、质检员、车间管理员。

每小组指定资料管理员、仓库保管员、质检员、车间管理员并展示。

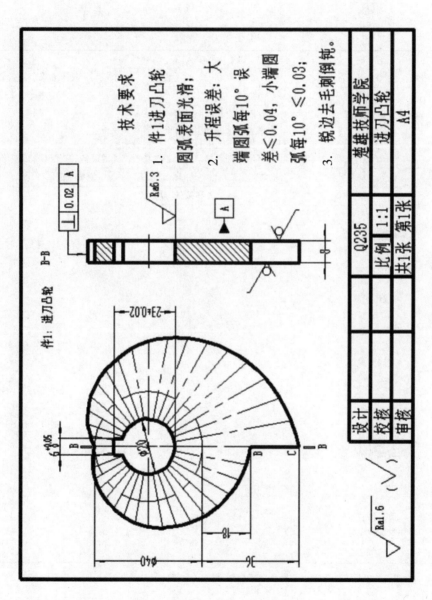

图3-1 加工图样

（2）请根据生产任务单，明确零件名称、制作材料、零件数量和完成时间。

零件名称：_____ 制作材料：_____

零件数量：_____ 完成时间：_____

进刀凸轮生产任务单

单　号：_____　　开单时间：_____　　开单部门：_____

开单人：_____　　接单人：_____　　签　名：_____

以下由开单人填写				
序号	产品名称	材料	数量	技术要求、质量要求
1	进刀凸轮	Q235	50	按图样要求
任务细则	1. 到仓库领取相应的材料 2. 根据现场情况选用合适的工量具和设备 3. 根据加工工艺进行加工、交付检验 4. 填写生产任务单，清理工作场地，完成设备、工量具的维护保养			
任务类型	机加工 □　　钳加工 □		完成工时	24
以下由接单人和确认方填写				
领取材料		仓库管理员（签名） 年　　月　　日		
领取工量具				
完成质量 （小组评价）		班组长（签名） 年　　月　　日		
用户意见 （教师评价）		用户（签名） 年　　月　　日		
改进措施 （反馈改良）				

注：生产任务单与零件图样、工艺卡一起领取。

二、引导问题

（1）查阅资料、分析图样、讨论并写出进刀凸轮的加工工艺流程。

（2）查阅资料、分析图样、讨论并写出各加工步骤及各步骤的具体内容。

学习活动二　加工前的准备

 学习目标

- 能识读图样、公差，明确加工要求；
- 能描述凸轮机构的分类及应用；
- 能利用机械制图知识，绘制进刀凸轮标准零件图；
- 能查阅资料，熟悉分度头的相关知识，并简述使用分度头完成进刀凸轮划线的步骤。

  建议学时：8课时；学习地点：钳工一体化工作站

 学习过程

1.查阅资料，简述凸轮机构的分类和运用

（1）简述凸轮机构的应用。

（2）简述凸轮的分类。

（3）简述凸轮各部分的名称。

2. 查阅资料，简述阿基米德螺旋线的定义及画法
（1）简述阿基米德螺旋线的定义。

（2）简述阿基米德螺旋线的几种画法。

3. 查阅资料，填写加工工艺卡

楚雄技师学院机械工程系	加工工艺卡	产品名称		图号				
		零件名称		数量			第　页	
材料种类		材料成分		毛坯尺寸			共　页	
工序	工步	工序内容	车间	设备	工具		计划工时	实际工时
					夹具	量刃具		

续表

更改号				拟定	校正	审核		批准	
更改者									
日　期									

4. 写出用分度头对进刀凸轮划线的具体步骤

5. 利用机械制图知识，绘制进刀凸轮标准零件图

6. 根据制定的工艺方案选择工量具及设备并拟定清单

序号	名　称	规　格	精　度	数　量
1				
2				
3				
4				
5				

续表

序号	名　称	规　格	精　度	数　量
6				
7				
8				
9				
10				
11				
12				
13				
14				
15				
16				

7. 严格遵守车间安全文明操作规程，文明生产

查阅资料，列出车间安全文明操作规程及文明生产的各项要求。

学习活动三　进刀凸轮的制作

 学习目标

- 能按安全文明生产的要求及车间安全操作规程穿好工作服，戴好工作牌、工作帽；
- 能按进刀凸轮的加工步骤及各步骤的具体内容完成进刀凸轮的加工；
- 能记录加工中所遇到的问题，小组查找、分析讨论所遇问题产生的原因及提出解决措施。

建议学时：8课时；学习地点：钳工一体化工作站

 **学习过程**

一、学习准备

（1）按照车间安全文明操作规程及文明生产的各项要求，进车间安全文明生产。

（2）按工具清单准备设备及工、量、刃、夹具。

二、引导问题

（1）用分度头划线时工件如何找正？

（2）如何选择加工键槽时各测量基准？

（3）加工 B、C 平面各应选择的测量基准。

（4）阿基米德螺旋形面的加工方法。

（5）检查阿基米德螺旋形面的升程误差。

学习活动四　产品质量检测及误差分析

 学习目标

- 能看清看懂图样，根据进刀凸轮的用途列出检测标准；
- 能按进刀凸轮的检测标准检测进刀凸轮并记录；
- 能总结进刀凸轮的加工过程并与同学进行学习经验交流；
- 能进行工作评价。

    建议学时：4课时；学习地点：钳工一体化工作站

 **学习过程**

一、学习准备

检测量具。

二、引导问题

（1）看清、看懂图样，根据进刀凸轮的用途列出检测标准。

（2）按进刀凸轮的检测标准检测进刀凸轮并做好记录。

学习活动五 工作总结与评价

 学习目标

- 能清晰合理地撰写总结；
- 能有效进行工作反馈与经验交流。

建议课时：2课时；学习地点：微机教室

 **学习过程**

一、学习准备

任务书、数据的对比分析结果、电脑。

二、引导问题

（1）请简单写出本次工作总结的提纲。

（2）写出工作总结的组成要素及格式要求。

（3）总结本次学习任务过程中存在的问题并提出解决方法。

（4）本次学习任务中你做得最好的一项或几项内容是什么？

（5）完成工作总结并提出改进意见。

 评价与分析

活动过程评价表

班级：_____ 姓名：_____ 学号：_____ _____年____月____日

评价项目及标准		分数	自我评价 (10%)	小组评价 (30%)	教师评价 (60%)
操作 技能	1. 检测工量具的正确规范使用	10			
	2. 动手能力强，理论联系实际，善于灵活应用	10			
	3. 检测的速度	10			
	4. 熟悉质量分析、结合实际，提高自己的综合实践能力	10			
	5. 检测的准确性	10			
	6. 通过检测，能对加工工艺进行合理性分析	10			
实习 过程	1. 查阅、收集资料情况 2. 任务完成情况 3. 成果展示情况 4. 纪律观念 5. 实训安全操作 6. 检测工件规范情况 7. 平时出勤情况 8. 检测完成质量 9. 检测的速度与准确性 10. 每天对工量具的整理保管及场地卫生清扫情况	30			
情感 态度	1. 师生互动 2. 良好的劳动习惯 3. 组员的交流、合作 4. 动手操作的兴趣、态度、积极主动性	10			
小　计		100			
总　计					
工件检测得分			综合测评得分		
简要 评述					

注：综合测评得分=总计×50% + 工件检测得分×50%。

任课教师签字：_____

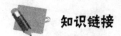

知识链接

凸轮机构

凸轮机构由凸轮、从动件和机架三部分组成，结构简单，只要设计出适当的凸轮轮廓曲线，就可以使从动件实现任何预期的运动规律。但是，由于凸轮机构是高副机构，易于磨损，因此只适用于传递动力不大的场合。

凸轮机构的应用（工程应用案例）：

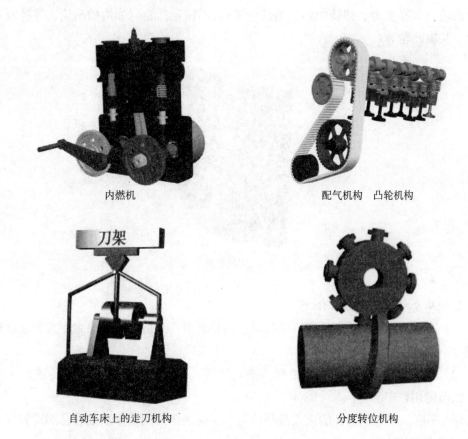

内燃机　　　　　　　　　　　　　配气机构　凸轮机构

自动车床上的走刀机构　　　　　　　　分度转位机构

一、凸轮机构的分类

凸轮机构的类型很多，常就凸轮和从动杆的端部形状及其运动形式的不同来分类。

1. 按凸轮的形状分

（1）盘形凸轮（盘形凸轮是一个具有变化直径的盘形构件，它绕固定轴线回转）。如尖顶移动从动杆盘形凸轮机构、尖顶摆动从动杆盘形凸轮机构、滚子移动从动杆盘形凸轮机构、滚子摆动从动杆盘形凸轮机构、平底移动从动杆盘形凸轮机构、平底摆动从动杆盘形凸轮机构。

（2）移动凸轮（移动凸轮可看作转轴在无穷远处的盘形凸轮的一部分，它做往复直线移动）。如移动从动杆移动凸轮机构、摆动从动杆移动凸轮机构。

（3）圆柱凸轮（圆柱凸轮是一个在圆柱面上开有曲线凹槽，或是在圆柱端面上做出曲线轮廓的构件，它可看作是将移动凸轮卷于圆柱体上形成的）。

圆柱凸轮　自动送料机构

（4）曲面凸轮。按锁合方式的不同凸轮可分为力锁合凸轮（如靠重力、弹簧力锁合的凸轮等）、形锁合凸轮（如沟槽凸轮、等径及等宽凸轮、共轭凸轮等）。

沟槽凸轮机构

2. 按从动杆的端部形状分

（1）尖顶。这种从动杆的构造最简单，但易磨损，只适用于作用力不大和速度较低的场合（如用于仪表等机构中）。

（2）滚子。滚子与凸轮轮廓之间为滚动摩擦，磨损较小，故可用来传递较大的动力，因而应用较广。

（3）平底。平底从动杆的优点是凸轮与平底的接触面间易形成油膜，润滑较好，所以常用于高速传动中。

3. 按推杆的运动形式分

（1）移动。往复直线运动。在移动从动杆中，若其轴线通过凸轮的回转中心，则称其为对心移动从动杆，否则称为偏置移动从动杆。

（2）摆动。做往复摆动。

4. 凸轮机构的组成

凸轮是一个具有曲线轮廓或凹槽的构件。凸轮通常做等速转动，但也有做往复摆动或移动的。从动件是被凸轮直接推动的构件。凸轮机构是由凸轮、从动件和机架三个主要构件所组成的高副机构。

凸轮机构的特点：

（1）优点。只要适当地设计出凸轮的轮廓曲线，就可以使推杆得到各种预期的运动规律，且机构简单紧凑。

（2）缺点。凸轮轮廓线与推杆之间为点、线接触，易磨损，所以凸轮机构多用在传力不大的场合。

常用的从动件运动规律：凸轮机构设计的基本任务，是根据工作要求选定合适的凸轮机构的型式、从动杆的运动规律和有关的基本尺寸，然后根据选定的从动杆运动规律设计出凸轮应有的轮廓曲线。所以，根据工作要求选定从动杆的运动规律是凸轮轮廓曲线设计的前提。

二、凸轮机构的运动过程

1. 凸轮与从动杆的运动关系

凸轮机构的运动过程如图 3-6 所示。

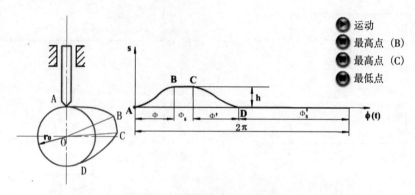

图 3-6 凸轮机构的运动过程

名词（以对心移动尖顶从动杆盘形凸轮机构为例加以说明）：

基圆——以凸轮的转动中心 O 为圆心，以凸轮的最小向径为半径 r_0 所做的圆。r_0 称为凸轮的基圆半径。

推程——当凸轮以等角速度 ω 逆时针转动时，从动杆在凸轮轮廓线的推动下，将由最低位置被推到最高位置的这一过程。而相应的凸轮转角 Φ 称为推程运动角。

远停程——凸轮继续转动，面从动杆处于最高位置静止不动时的这一过程。与之相应的凸轮转角 Φ_s 称为远停程角。

回程——凸轮继续转动，从动杆又由最高位置回到最低位置的这一过程。相应的凸轮转角 Φ' 称为回程运动角。

近停程——当凸轮转过角 Φ'_s 时，从动杆与凸轮轮廓线上向径最小的一段圆弧接触，而将处在最低位置静止不动的这一过程。Φ'_s 称为近停程角。

行程——从动杆在推程或回程中移动的距离 h 。

位移线图——描述位移 s 与凸轮转角 φ 之间关系的图形。

2. 从动杆的常用运动规律

所谓从动杆的运动规律是指从动杆在运动时,其位移 s、速度 v 和加速度 a 随时间 t 变化的规律。又因凸轮一般为等速运动,即其转角 φ 与时间 t 成正比,所以从动杆的运动规律常表示为从动杆的运动参数随凸轮转角 φ 变化的规律。如图 3-7 所示。

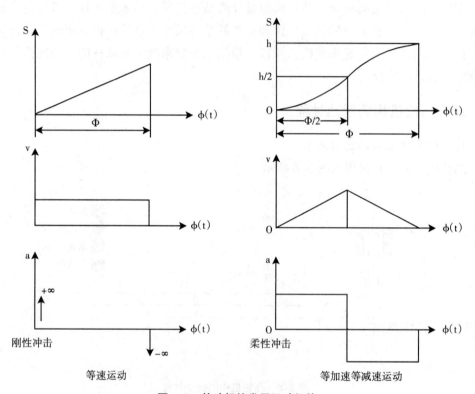

图 3-7   从动杆的常用运动规律

阿基米德线的定义及画法

一、阿基米德螺线简介

（一）阿基米德简介及螺线的发现

阿基米德（约公元前 287~前 212 年），古希腊伟大的数学家、力学家,公元前 287 年生于希腊叙拉古附近的一个小村庄。11 岁时去埃及,到当时世界著名学术中心、被誉为"智慧之都"的亚历山大城跟随欧几里得的学生柯农学习,以后和亚历山大的学者保持紧密联系,因此他算是亚历山大学派的成员。

公元前 240 年,阿基米德由埃及回到故乡叙拉古,并担任了国王的顾问,从此开始了对科学的全面探索，在物理学、数学等领域取得了举世瞩目的成果，成为古希腊最伟大的科学家之一，后人对阿基米德给予了极高的评价，常把他和牛顿、高斯并列称为有史以来三个贡献最大的数学家。

据说，阿基米德螺线最初是由阿基米德的老师柯农（欧几里得的弟子）发现的，柯农死后，阿基米德继续研究，又发现许多重要性质，因而这种螺线就以阿基米德的名字命名了。

（二）阿基米德螺线的定义及方程

1.《论螺线》中阿基米德螺线的定义

阿基米德螺线亦称"等速螺线"。螺线是指一些围着某些定点或轴旋转且不断收缩或扩展的曲线，阿基米德螺线是一种二维螺线。在《论螺线》中，阿基米德给出了如下定义：当一点 P 沿动射线 OP 以等速率运动的同时，这射线又以等角速度绕点 O 旋转，点 P 的轨迹称为"阿基米德螺线"。它的极坐标方程为：$r=a\theta$。这种螺线的每条臂的距离永远相等于 $2\pi a$。

2. 阿基米德螺线定义的不合理之处

当我们在纸上用笔沿着一盘阿基米德螺线形状的蚊香进行描绘时，可以或快或慢或暂停又继续地去画完这条螺旋线，是不会有"等速率"、"等角速度"感觉的。实际上阿基米德螺线是动点"旋转"与"直线"两种运动同步、按比例合成的轨迹线。"同步"意味着"旋转"与"直线"两种运动步调一致，即你动我动，你快我快，你慢我慢，你停我停。"同步"可以包含"旋转"与"直线"两种运动的"等速度"，而"等速度"绝不能等同"同步"！因为"同步"容许速度的同步变化，而"等速度"则不允许速度变化。

在螺旋线中，螺距（通常用 S 表示）是一重要参数，它表示动点绕中心回转一周时，沿直线方向移动的距离。"螺旋比"（简称"旋比"，用 ix 表示）即螺距与一周（360°或 2π）的比，$ix=S/360°$（角度制）或 $ix=S/2\pi$（弧度制）；任意回转角度下，动点相对运动的直线距离（L）等于该回转角度与"旋比"的乘积。$L=ix\alpha$（角度制），或 $L=ix\theta$（弧度制）。阿基米德螺线极坐标方程式 $r=a\theta$ 中的"a"即是螺线比"ix"；"r"即是"L"。因为阿基米德螺线的螺线比为常数，一周永远等于 360°或 2π，所以螺距永远相等，即螺线的每条臂的距离永远相等于 $2\pi a$。根据螺距永远相等的特性，我们可将这类螺线称为"等距螺线"或"等旋比螺线"，而不能称为"等速螺线"。

3. 阿基米德螺线的方程

极坐标系：在数学中，极坐标系是一个二维坐标系统。该坐标系统中的点由一个夹角和一段相对中心点——极点（相当于我们较为熟知的直角坐标系中的原点）的距离来表示。

阿基米德螺旋线的标准极坐标方程：

$r(\theta)=a+b(\theta)$

其中，b 为阿基米德螺旋线系数（mm/°），表示每旋转 1 度时极径的增加（或减小）量；θ 为极角，单位为°，表示阿基米德螺旋线转过的总度数；a 为当 θ=0°时的极径（mm）。

改变参数 a 将改变螺线形状，b 控制螺线间距离，通常称其为常量。阿基米德有两条螺线，一条 θ>0，另一条 θ<0。两条螺线在极点处平滑地连接。把其中一条翻转 90°/270°得到其镜像，就是另一条螺线。

在极坐标系与平面直角坐标系（笛卡尔坐标系）间转换：极坐标系中的两个坐标 r 和 θ 可以由下面的公式转换为直角坐标系下的坐标值：

$$x = r \cos \theta$$

$$y = r \sin \theta$$

由上述两公式，可从直角坐标系中 x 和 y 两坐标计算出极坐标下的坐标：

$$r = \sqrt{x^2 + y^2}$$

$$\theta = \arctan \frac{y}{x} \qquad x \neq 0$$

在 x=0 的情况下：若 y 为正数，则 θ=90°（π/2radians）；若 y 为负数，则 θ=270°（3π/2radians）。

（三）阿基米德螺线的画法

1. 阿基米德螺线的几何画法

以适当长度（OA）为半径，画一圆 O；作一射线 OA；作一点 P 于射线 OA 上；模拟点 A 沿圆 O 移动，点 P 沿射线 OA 移动；画出点 P 的轨迹；隐藏圆 O、射线 OA 及点 P，即可得到螺线 [见图 3-8（a）]。

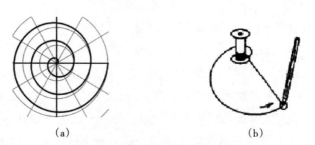

(a)   (b)

图 3-8　阿基米德螺线的几何画法

2. 阿基米德螺线的简单画法

有一种最简单的方法画出阿基米德螺线，如图 3-8（b）所示，用一根线缠在一个线轴上，在其游离端绑上一小环，把线轴按在一张纸上，并在小环内套一支铅笔，用铅笔拉紧线，并保持线在拉紧状态，然后在纸上画出由线轴松开的线的轨迹，就得到了阿基米德螺线。

二、自然界中的阿基米德螺线

1. 自然界中的多种多样的螺线

在浩瀚的自然界中，在千姿百态的生命体上发现了不少螺旋。如原生动物门中的砂盘虫、软体动物门梯螺科中的尖高旋螺、凤螺科中的沟纹笛螺、明螺科中的明螺，又如塔螺科中的爪哇拟塔螺和奇异宽肩螺、笋螺科中的拟笋螺等大多数螺类，它们的外壳曲线都呈现出各种螺旋状；在植物中，则有紫藤、茑萝、牵牛花等缠绕的茎形成的曲线，烟草螺旋状排列的叶片，丝瓜、葫芦的触须，向日葵子在盘中排列形成的曲线；甚至构成生命的主要物质——蛋白质、核酸及多糖等生物中分子也都存在螺旋结构，如人类遗传基因（DNA）中的双螺旋结构。其中，自然界中的砂盘虫化石，蛇盘绕起来形成的曲线等都可以构成阿基米德螺线。

2. 自然界中螺线广泛存在的原因

拟螺线之所以在生命体中广泛存在，是由螺线的若干优良性质所决定的。而这些优良性质直接或间接地使生命体在生存斗争中获得最佳效果。由于在柱面内或柱面上两点的各种曲线中螺线长度最短，对于茑萝、紫藤、牵牛花等攀缘植物而言，如何用最少的材料、最低的能耗，使其茎或藤延伸到光照充足的地方是至关重要的。而在各种曲线中，螺线就起到省材、节约能量消耗的作用，在相同的空间中使其叶子获取较多的阳光，这对植物光合作用尤为重要，像烟草等植物轮状叶序就是利用形成的螺旋面能在狭小的空间中（其他植物的夹缝中）获得最大的光照面积，以利于光合作用。形成螺线状的某些物体还有一种物理性质，即像弹簧一样具有弹性（或伸缩性）。在植物中丝瓜、葫芦等茎上的拟圆柱螺线状的触须利用这个性质，能使其牢固地附着于其他植物或物体上。即使有外力或风的作用，螺线状触须的伸缩性，使其不易被拉断，并且当外力（或风）消失后，保证其茎叶又能恢复到原来的位置。螺旋线对于生活在水中的大多数螺类软体动物也是十分有意义的。观察螺类在水中的运动方式，通常是背负着外壳前进，壳体直径粗大的部分在前，螺尖在后。当水流方向与运动方向相反时，水流沿着壳体螺线由直径大的部分旋转到直径小的部分直到螺尖。水速将大大减小，这样位于壳体后水的静压力将大于壳体前端的静压力。在前后压力差的作用下，壳体将会自动向前运动。这样一来，来自水流的阻力经锥状螺线的转化变为前进的动力。除此之外，分布在螺类外壳上的螺线像一条肋筋，大大增加了壳体的强度，也分散了作用在壳体上的水压。

三、阿基米德螺线在实际生活中的应用

1. 最初的应用：螺旋扬水器

为解决用尼罗河水灌溉土地的难题，阿基米德发明了圆筒状的螺旋扬水器，后人称它为"阿基米德螺旋"。阿基米德螺旋是一个装在木制圆筒里的巨大螺旋状物（在一个

圆柱体上螺旋状地绕上中空的管子），把它倾斜放置，下端浸入水中，随着圆柱体的旋转，水便沿螺旋管被提升上来，从上端流出。这样，就可以把水从一个水平面提升到另一个水平面，对田地进行灌溉。"阿基米德螺旋"扬水机至今仍在埃及等地使用。

2. 工程上应用：阿基米德螺旋泵

阿基米德螺旋泵的工作原理是当电动机带动泵轴转动时，螺杆一方面绕本身的轴线旋转，另一方面它又沿衬套内表面滚动，于是形成泵的密封腔室。螺杆每转一周，密封腔内的液体向前推进一个螺距，随着螺杆的连续转动，液体以螺旋形方式从一个密封腔压向另一个密封腔，最后挤出泵体。螺杆泵是一种新型的输送液体的机械，具有结构简单、工作安全可靠、使用维修方便、出液连续均匀、压力稳定等优点。

3. 日常生活的应用：蚊香的几何特征

将一单盘蚊香光滑面朝上，放置一水平面上，自上俯视，会观察到的蚊香平面图。将这条曲线单独绘制出来，并加上一定的标志，得到了蚊香香条曲线图，如图3-9所示。点O为直线AB与曲线OA若干交点中位于最中间的一个交点。曲线OA实际上是单盘蚊香的香条外侧边线。观察不同厂牌蚊香的实物，会发现其对应的OA曲线上，接近点的一段（图中以OP表示），也就是所谓"太极头"部位的曲线，在形状上各有不同，但对于剩下的一大段曲线PA，则具有这样的特征：曲线PA上任取一点Q，假使点Q可在曲线PA上移动，则点Q越接近点A，点Q与点O的直线距离（以r表示）越大；而且，每移动一定角度（以θ表示），增加的值与该角度成正比。用数学语言描述曲线QA的上述特征，可表示为：

$$\Delta\phi = k\Delta\theta, \text{ 或 } \phi = k\Delta\theta + c \tag{3-1}$$

式（3-1）中，k和C均为恒定常数，若以点O为极点，建立极坐标，则选择适当方位的极轴，可以将式（3-1）转化为：

$$\phi = k\theta, \theta \in [0, \alpha] \tag{3-2}$$

式（3-2）中α为点A（香条末端）对应的极角。式（3-2）所描述的曲线——一单盘蚊香香条外侧边线，实际上正是"阿基米德螺线"。

需要说明的是，式（3-2）所描述的只是蚊香"太极头"之外的香条曲线方程，由于不同厂牌蚊香的"太极头"没有统一固定的形状，所以无法对其做出确切的描述。同时，由于"太极头"一段香条的长度极短，因而其形状对蚊香香条长度的影响事实上也可以忽略不计。

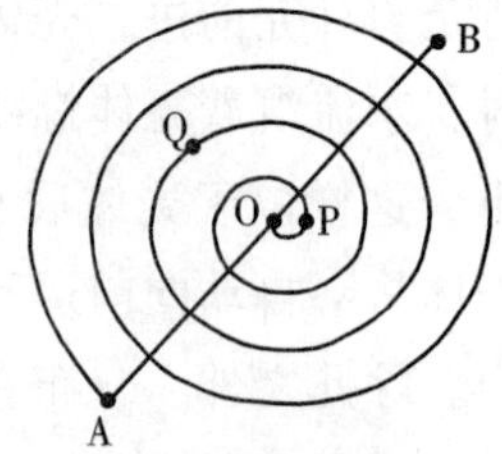

图3-9 蚊香香条曲线

万能分度头

划线时，用分度头装夹、找正并划线。查阅资料熟悉分度头并能用分度头完成进刀凸轮的划线。

万能分度头的主要结构如图3-2所示。

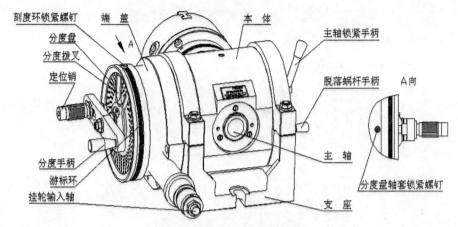

图 3-2 万能分度头的主要结构

1. 100A、F11125、A160A 万能分度头的主要结构

(1) 主轴。主轴前端可安装三爪自定心卡盘（或顶尖）及其他装卡附件，用以夹持工件。

主轴后端可安装锥柄挂轮轴用作差动分度。

(2) 本体。本体内安装主轴及蜗轮、蜗杆。本体在支座内可使主轴在垂直平面内由水平位置向上转动 ≤95°，向下转动≤5°。

(3) 支座。支承本体部件，通过底面的定位键与铣床工作台中间 T 形槽连接。用 T 形螺栓紧固在铣床工作台上。

(4) 端盖。端盖内装有两对啮合齿轮及挂轮输入轴，可以使动力输入本体内。

(5) 分度盘。分度盘两面都有多行沿圆周均布的小孔，用于满足不同的分度要求。

随分度头附带有两块分度盘：

第一块正面孔数依次为：24，25，28，30，34，37；反面孔数依次为：38，39，41，42，43。

第二块正面孔数依次为：46，47，49，51，53，54；反面孔数依次为：57，58，59，62，66。

(6) 蜗轮副间隙调整及蜗杆脱落机构。

拧松蜗杆偏心套压紧螺母（见图 3-3），操纵脱落蜗杆手柄使蜗轮与蜗杆脱开，可直接转动主轴，利用调整间隙螺钉，可对蜗轮副间隙进行微调。

(7) 主轴锁紧机构。用分度头对工件进行切削时，为防止振动，在每次分度后可通过主轴锁紧机构对主轴进行锁紧（见图 3-2）。

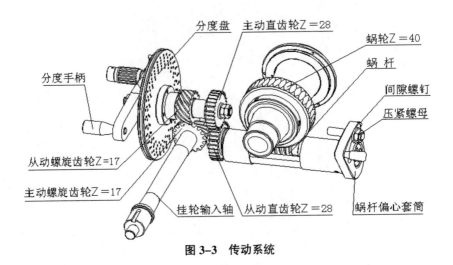

分度盘　主动直齿轮Z＝28　蜗轮Z＝40　蜗杆　间隙螺钉　压紧螺母　分度手柄　从动螺旋齿轮Z＝17　主动螺旋齿轮Z＝17　挂轮输入轴　从动直齿轮Z＝28　蜗杆偏心套筒

图3-3　传动系统

本产品还随机配备了尾架、千斤顶、顶尖、拨叉、挂轮架、配换齿轮等常用附件。

2. 万能分度头传动系统

分度头蜗杆与蜗轮的传动比 $i = \dfrac{蜗轮齿数}{蜗杆头数} = \dfrac{40}{1}$

3. 使用分度头进行分度的方法

使用分度头进行分度的方法有直接分度、角度分度、简单分度和差动分度等。

（1）直接分度。当分度精度要求较低时，摆动分度手柄，根据本体上的刻度和主轴刻度环直接读数进行分度。分度前须将分度盘轴套锁紧螺钉锁紧。

切削时必须锁紧主轴锁紧手柄后方可进行切削。

（2）角度分度。当分度精度要求较低时，也可利用分度手轮上的可转动的分度刻度环和分度游标环来实现分度。分度刻度环每旋转一周分度值为9°，刻度环每一小格读数为1′，分度游标环刻度一小格读数为10″。

分度前须将分度盘轴套锁紧螺钉锁紧。

（3）简单分度。简单分度是最常用的分度方法。它利用分度盘上不同的孔数和定位销通过计算来实现工件所需的等分数。

计算方法如下：

$$n = \dfrac{40}{Z}$$

其中，n为定位销（即分度手柄）转数；Z为工件所需等分数。

若计算值含分数，则在分度盘中选择具有该分母整数倍的孔圈数。

【例】用分度头铣齿数Z=36的齿轮。

$$n = \dfrac{40}{36} = 1\dfrac{1}{9}$$

在分数度盘中找到孔数为 9×6=54 的孔圈，代入上式：

$$n = \frac{40}{36} = 1\frac{1}{9} = 1\frac{1 \times 6}{9 \times 6} = 1\frac{6}{54}$$

操作方法：先将分度盘轴套锁紧螺钉锁紧，再将定位销调整到 54 孔数的孔圈上，调整扇形拨叉含有 6 个孔距。此时转动手柄使定位销旋转一圈再转过 6 个孔距。

若分母不能在所配分度盘中找到整数倍的孔数，则可采用差动分度进行分度。

（4）差动分度。使用差动分度时必须将分度盘锁紧螺钉松开，在主轴后锥孔插入锥柄挂轮轴。按计算值配置交换齿轮 a、b、c、d 或介轮，传至挂轮输入轴，带动分度盘产生正（或反）方向微动，来补偿计算中设定等分角度与工件等分角度的差值。如图 3-4 所示。

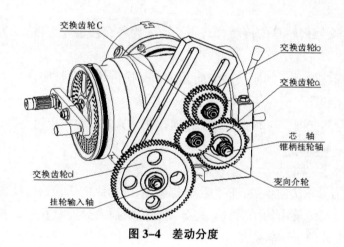

图 3-4 差动分度

计算方法如下：

$$i = \frac{40\,(x-z)}{x} = \frac{a}{b} \cdot \frac{c}{d}$$

其中，i 为交换齿轮的传动比；z 为工件所需等分数；a、b、c、d 为交换齿轮齿数；x 为假设工件所需等分数。

式中 x 值选择：①尽可能接近 z（小于，大于均可）。②$\frac{40}{x}$ 为分数时，其分母值必须是能整除分度盘已有孔圈数。

x 小于 z 时，i 为负值，挂轮时必须配有变向介轮；

x 大于 z 时，i 为正值，挂轮时不必配有变向介轮。

挂轮配好后，实际分度的操作和简单分度法一致，只是用 x 替代 z，手柄转数为：

$$n = \frac{40}{x}$$

4. 螺旋铣削（见图 3-5）

螺旋加工必须按要求将铣床工作台转动一个角度——螺旋角 β。

并根据工作要求计算出导程 L：

$$L = \pi \cdot D \mathrm{ctg}\, \beta$$

其中，L 为螺旋线的导程；D 为工件直径；β 为螺旋角。

螺旋加工必须保证工件纵向进给一个导程时，分度头带动工件旋转一周。

这是通过安装在铣床纵向工作台丝杠末端的交换齿轮 a 与分度头挂架中的交换齿轮 b、c、d 的配置来实现的。

计算公式如下：

$$i = \frac{a}{b} \cdot \frac{c}{d} = \frac{40t}{L}$$

其中，i 为交换齿轮总的传动；a、b、c、d 为各交换齿轮齿数；t 为纵向工作台丝杠螺距。

铣削左旋螺旋槽时，则应增加变向介轮，交换齿轮 a 在铣床丝杠上的安装详见图 3-5 中的局部示配图。

螺旋直齿轮的铣削，与螺旋槽加工相同，在计算方法中按齿轮参数值变化如下：

$$i = \frac{a}{b} \cdot \frac{c}{d} = \frac{40t\sin\beta}{\pi \cdot m_n z}$$

其中，m_n 为齿轮法向模数；β 为齿轮螺旋角；t 为纵向工作台丝杠螺距。

铣螺旋槽（或螺旋齿轮）时，须将分度定位销插入分度盘孔中，将分度盘轴套锁紧螺钉松开，主轴锁紧手柄松开。

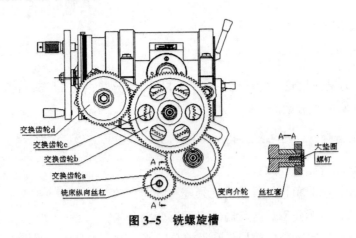

图 3-5　铣螺旋槽

5. 分度头的保养

正确精心地维护保养分度头是保持产品精度和延长使用期限的重要保证，正确的维护保养应做到：

（1）新购置的分度头，在使用前必须将防锈油和一切污垢用干净的擦布浸以煤油擦洗干净。尤其是与机床的结合面更应仔细擦拭。擦拭时不要让煤油浸湿喷漆表面，以免损坏漆面。

（2）在使用、安装、搬运过程中，注意避免碰撞，严禁敲击。尤其注意对定位键块的保护。

（3）分度头出厂时各有关精度均已调整合适。使用中切勿随意调整，以免破坏原有精度。

（4）分度头的润滑点装有外露油杯，蜗轮蜗杆部的润滑靠分度头顶部丝堵松开后注入油。每班工作前各润滑点注入清洁 20 号机油。在使用挂轮时，在齿面及轴套间应注入润滑油。

6. 万能分度头精度检验

序号	检验项目	简　图	允差（mm）	实　测
G1	主轴锥孔轴线的径向跳动：a. 靠近主轴端面；b. 距主轴端面 300mm 处		a. 0.01 b. 0.02	
G2	顶尖锥面的径向跳动		0.01	
G3	a. 主轴定心轴颈的径向跳动；b. 主轴周期性轴向窜动；c. 主轴轴肩支承面的跳动（包括周期性轴向窜动）		a. 0.01 b. 0.01 c. 0.02	
G4	主轴轴线对支承底面的垂直度		0.02/300 300 为两个测点之间距离	

序号	检验项目	简　图	允差（mm）	实　测
G5	a. 主轴轴线与支承底面的平行度；b. 定位键与主轴轴线的平行度；c. 主轴轴线对基准 T 形槽侧的偏移		a 和 b 在任意 300 测量长度上为 0.015 c. 0.015	
G6	分度精度：a. 分度手柄轴转一整圈时，主轴的单个分度误差；b. 主轴在任意 1/4 圆周上的累积误差		a. ±45″ b. ±1′	
G7	a. 分度头和尾座顶尖连线与支承底面的平行度；b. 分度头和尾座顶尖连线与基准 T 形槽的平行度		a 和 b 在任意 300 测量长度上为 0.02	

典型工作任务四　燕尾圆弧定位镶配件

在接受加工任务后，查阅相关信息，做好加工前准备工作，包括查阅精密量具的使用与保养，并做好安全防护措施。通过分析综合件的图样制定加工步骤，编制加工工艺卡。加工过程中对设备的操作应正确、规范，工具、量具、夹具及刃具摆放应规范整齐，注意精密量具使用后的保养，工作场地保持清洁；严格遵守钳工操作及设备安全操作规程进行操作，养成安全文明生产的良好职业习惯。

学习活动一　接受任务，制订加工计划

学习目标

- 能接受任务，明确任务要求；
- 看懂分析图样；
- 制定加工步骤，编制加工工艺卡。

学习过程

一、学习准备

图纸（见图 4-1）、任务书、教材。

二、引导问题

综合件图纸分析：

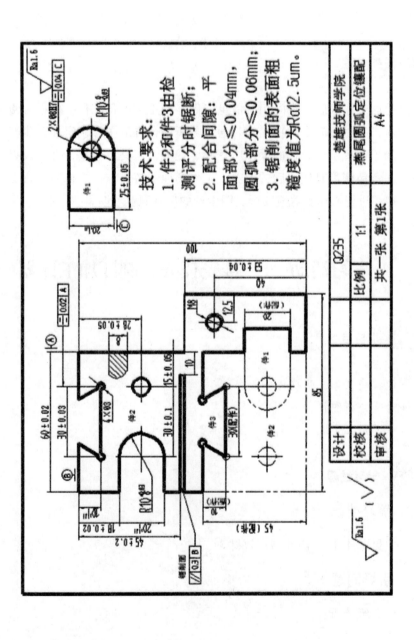

图 4-1　加工图样

（1）根据加工图样，明确零件名称、制作材料、零件数量、完成时间。

零件名称：_____　制作材料：_____

零件数量：_____　完成时间：_____

（2）根据加工图样，确定加工毛坯尺寸大小：_____。

（3）技术要求中的件2与件3为什么要在检测评分时才能锯断？

（4）件1图中 $\underline{2\times\phi 8H7}$ $\boxed{\begin{array}{c} \quad\diagup\text{Ra1.6} \\ \hline =\;0.04\;\text{C} \end{array}}$ 表示什么？

（5）图样中的件3为什么没有标注尺寸公差，在加工工程中应该怎样控制尺寸？

（6）根据下图，写出对应的三角函数关系式。

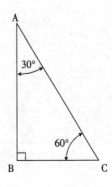

（7）计算出图中燕尾部分的划线尺寸。

（8）图样中燕尾部分的倾斜面由于与外形的基准面不平行，不能直接用千分尺测量尺寸，那么请写出用两种不同的方法来进行测量的过程。

（9）简单写出加工的顺序。

（10）根据你的分析，安排工作进度。

序　号	开始时间	结束时间	工作内容	工作要求	备　注

（11）根据小组成员特点完成下表。

小组成员名单	成员特点	小组中的分工	备　注

（12）小组讨论记录（小组记录需有：记录人、主持人、日期、内容等要素）。

学习活动二　加工前的准备

 学习目标

- 能熟练绘制燕尾圆弧定位镶配件的板图；
- 能正确地选择使用的量具、工具、设备及毛坯；
- 熟悉钻头的结构特点及几何角度对工件切削的影响；
- 知道企业 7S 管理内容。

 学习过程

一、学习准备

量块、正弦规、杆杠百分表的使用说明书、教材。

二、引导问题

（1）量块、正弦规、杆杠百分表的价格各是多少?

（2）量块的使用方法及注意事项。

（3）量块工作面的确定方法。

（4）正弦规的使用方法及注意事项。

（5）杆杠百分表的使用方法及注意事项。

（6）杆杠百分表的读数方法及测量范围。

（7）企业 7S 管理的内容有哪些？

（8）列出你所需要的工量具及刀具：

序　号	名　称	规　格	精　度	数　量	用　途
1					
2					
3					
4					
5					
6					
7					
8					
9					
10					

学习活动三　　燕尾圆弧定位镶配件的制作

 学习目标

- 能按照"7S"管理规范实施作业；
- 能合理地使用设备并正确地进行操作；
- 能正确地选择量具、工具进行零件加工；
- 能熟练操作精密量具对工件进行测量。

 学习过程

一、学习准备

图纸、刀具、刃具、工具、量具、毛坯。

二、引导问题

(1) 划线时应如何选用划线基准？

(2) 划线时燕尾部分的斜线应该怎么划？

(3) 如何加工件 1 中的孔？尺寸如何控制？

（4）件2中燕尾部分的尺寸怎样控制？

（5）件2的圆弧部分应该如何加工及测量？

（6）件2中的 $\phi 8H7$ 孔怎样加工？

（7）锯削面 45 ± 0.2 应该怎样划线？ | // | 0.3 | B | 表示什么？

（8）图中 | = | 0.02 | A | 表示什么？

（9）铰刀的种类及铰削余量的选择。

（10）攻螺纹底孔直径的确定。

(11) 攻螺纹的注意事项有哪些?

(12) 按工序及工步的方式, 编写出凸凹模的加工工艺卡片。

工 序	工 步	操作内容	使用工具

学习活动四　产品质量检测及误差分析

 学习目标

- 能检测要求完成的加工工件的正确尺寸;
- 能按照技术要求完成工作任务;
- 能解决加工工艺中出现的技术问题。

 **学习过程**

一、学习准备

图纸、检测设备、检测量具。

二、引导问题

（1）φ8H7 的孔用什么检测？

（2）配合间隙：平面部分≤0.04mm，圆弧部分≤0.06mm 怎样检测？

（3）件 2 与件 3 锯断后如果不能配合，应该怎样进行评分？

（4）工件中的表面粗糙度怎样进行检测？

（5）工件中圆弧部分有几个配合面，平面部分有几个配合面？

（6）怎样加工才能保证两个孔的尺寸精度？

（7）工件检测评分表：

考核项目	考核要求	配分	评分标准	检测结果	扣分	得分	备注
尺寸	60±0.02	2	超差无分				
	53±0.04	2	超差无分				
	18±0.02	2	超差无分				
	$20^{+0.02}_{0}$	3	超差无分				
	$20^{0}_{-0.02}$	3	超差无分				
燕尾	60°±2′	4	超差无分				
	30±0.03	3	超差0.01扣2分				
	$10^{+0.02}_{0}$	3	超差无分				
	⌯ 0.02 A	6	超差0.01扣2分				
圆弧	$R10^{0}_{-0.03}$	3	超差无分				
	$R10^{+0.03}_{0}$	3	超差无分				
孔加工	28±0.05	2	超差无分				
	15±0.05	2	超差无分				
	25±0.05	2	超差无分				
	30±0.1	4	超差0.02扣2分				
	2×Φ8H7	3	超差无分				
	Ra1.6	2	超差无分				
	⌯ 0.04 C	3	超差无分				
	M8	2	超差无分				
锯削	45±0.2	4	超差0.05扣2分				
	Ra12.5	2	超差无分				
	∥ 0.3 B	3	超差无分				
配合	配合间隙	30	超差0.01扣1分				
表面	Ra1.6	7	超差无分				
安全文明生产	安全文明有关规定		违反有关规定，酌情扣总分1~5分				
	周围场地整洁；工、量、夹具摆放合理		不整洁或不合理，酌情扣总分1~5分				
备注	每处尺寸超差≥1mm或有缺陷的酌情扣考件总分5~10分						

学习活动五　工作总结与评价

 学习目标

- 能清晰合理地撰写总结；
- 能有效进行工作反馈与经验交流。

 学习过程

一、学习准备

任务书、数据的对比分析结果、电脑等。

二、引导问题

（1）请简单写出本次工作最大的收获。

（2）总结本次学习任务过程中存在的问题并提出解决方法。

（3）本次学习任务中你做得最好的一项或几项内容是什么？

（4）完成工作总结并提出改进意见。

 评价与分析

活动过程评价表

班级：＿＿＿＿＿＿＿＿　　姓名：＿＿＿＿＿＿＿＿　　学号：＿＿＿＿＿＿　　　　＿＿＿年＿＿月＿＿日

	评价项目及标准	分数	自我评价 (10%)	小组评价 (30%)	教师评价 (60%)
操作 技能	1. 检测工量具的正确规范使用	10			
	2. 动手能力强，理论联系实际，善于灵活应用	10			
	3. 检测的速度	10			
	4. 熟悉质量分析、结合实际、提高自己的综合实践能力	10			
	5. 检测的准确性	10			
	6. 通过检测，能对加工工艺进行合理性分析	10			
实习 过程	1. 查阅、收集资料情况 2. 任务完成情况 3. 成果展示情况 4. 纪律观念 5. 实训安全操作 6. 检测工件规范情况 7. 平时出勤情况 8. 检测完成质量 9. 检测的速度与准确性 10. 每天对工量具的整理保管及场地卫生清扫情况	30			
情感 态度	1. 师生互动 2. 良好的劳动习惯 3. 组员的交流、合作 4. 动手操作的兴趣、态度、积极主动性	10			
小　计		100			
总　计					
工件检测得分			综合测评得分		
简要 评述					

注：综合测评得分=总计×50% + 工件检测得分×50%。

任课教师签字：＿＿＿＿＿＿＿＿＿＿＿＿＿＿

 知识链接

一、孔加工知识

（一）钻孔的基本概念及相关知识

1. 钻孔

用钻头在实体工件上加工出孔的操作称为钻孔。用钻床钻孔时，工件装夹在钻床工作台上固定不动，钻头装在钻床主轴上，一边旋转，一边沿钻头轴线向下做直线运动。

钻孔时，由于钻头的刚性和精度较差，故加工精度不高，一般为 IT9~IT10，表面粗糙度 Ra≥12.5μm，钻孔属于粗加工。

2. 麻花钻的组成

麻花钻由柄部、颈部和工作部分组成（见图 4-2）。

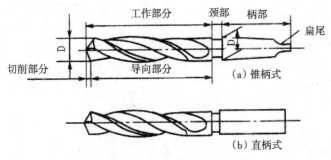

图 4-2 麻花钻的组成及类型

（1）柄部。麻花钻有锥柄和直柄两种。一般钻头直径小于 13mm 的制成直柄，大于 13mm 的制成锥柄。柄部是麻花钻的夹持部分，它的作用是定心和传递扭矩。

（2）颈部。颈部在磨麻花钻时作退刀槽使用，钻头的规格、材料及商标常打印在颈部。

（3）工作部分。工作部分由切削部分和导向部分组成。切削部分主要起切削工件的作用。导向部分的作用不仅是保证钻头钻孔时的正确方向、修光孔壁，同时还是切削部分的后备。

3. 麻花钻工作部分的几何形状（见图 4-3）

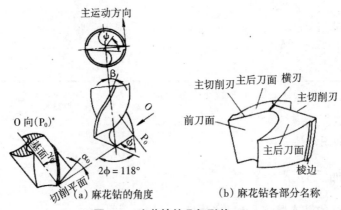

图 4-3 麻花钻的几何形状

麻花钻切削部分可以看作是正反两把车刀，所以它的几何角度定义及辅助平面的概念都和车刀的基本相同，但又有其自身的特殊性。

（1）螺旋槽。钻头有两条螺旋槽，它的作用是构成切削刃，利于排屑和使切削液流动畅通。螺旋槽面又叫前刀面。螺旋角（β）是钻头最外缘螺旋线的切线与钻头轴线的夹角。标准麻花钻的螺旋角在18°~30°。

（2）主后刀面。指钻头顶部的螺旋圆锥面。

（3）顶角（2φ）。钻头两主切削刃在其平面内投影的夹角。顶角大，主切削刃短，定心差，钻出的孔径易扩大。但顶角大时前角也大，切削比较轻快。标准麻花钻的顶角为118°，顶角为118°时两主切削刃是直线。大于118°时主切削刃呈凹形曲线，小于118°时呈凸形曲线。

（4）前角（γ_0）。前角是前刀面和基面的夹角。前角大小与螺旋角、顶角和钻心直径有关，对其影响最大的是螺旋角。螺旋角越大，前角也越大。前角大小是变化的，其外缘处最大，自外缘向中心减小，在钻心至D/3范围内为负值；接近横刃处的前角约为-30°。

（5）后角（α_0）。后角是主后刀面与切削平面之间的夹角。后角是在圆柱面测量的，它也是变化的，其外缘处最小，越接近钻心后角越大。

（6）横刃。钻头两主切削刃的连线称为横刃。横刃太长，轴向阻力增大，横刃太短又会影响钻头的强度。

（7）横刃斜角（Φ）。在垂直于钻头轴线的端面投影中，横刃与主切削刃所夹的锐角称为横刃斜角。它的大小主要由后角决定，后角大，横刃斜角小，横刃变长。标准麻花钻的横刃斜角一般为55°。

（8）棱边。棱边有修光孔壁和作切削部分后备的作用。为减小与孔壁的摩擦，在麻花钻上制造出两条略带倒锥的棱边。

4. 钻床转速及冷却润滑

（1）钻床转速的选择。选择钻床转速时，要先确定钻头的允许切削速度v。用高速钢钻头钻铸铁时，v=14~22m/min；钻钢件时，v=16~24m/min；钻青铜时，v=30~60m/min。当工件材料的硬度较高时取小值（铸铁以HB=200为中值，钢以σ_b=700MPa为中值）；钻头直径小时也取小值（以d=16mm为中值）；钻孔深度L>3d时，还应将取值乘以0.7~0.8的修正系数。求出钻床转速n。

$$n=\frac{1000v}{\pi d}\ (r/min)$$

其中，v为切削速度（m/min）；d为钻头直径（mm）。

（2）钻孔时的冷却润滑。为了使钻头散热冷却，减少钻削时钻头与工件的摩擦以及消除粘附在钻头上的积屑瘤，降低切削抗力，提高钻头寿命和改善加工孔的表面质量，钻孔时要加注足够的切削液。钻各种材料选用的切削液详见下表：

序号	工件材料	切削液
1	各种结构钢	3%~5%乳化液；7%硫化乳化液
2	不锈钢、耐热钢	3%肥皂加 2%亚麻油水溶液；硫化切削油
3	紫铜、黄铜、青铜	不用；5%~8%乳化液
4	铸铁	不用；5%~8%乳化液；煤油
5	铝合金	不用；5%~8%乳化液；煤油；煤油与菜油的混合油
6	有机玻璃	5%~8%乳化液；煤油

5. 钻孔的注意事项

（1）严格遵守钻床操作规程，严禁戴手套操作。女生必须戴工作帽。

（2）钻孔过程中需要检查时，必须先停车，后检查。

（3）钻孔时平口钳的手柄端应该放置在钻床工作台的左向，以防止转矩过大造成平口钳落地伤人。

（4）开动钻床前，应检查是否有钻夹头钥匙或斜铁插在钻轴上。

（5）钻孔时不可用手和棉纱布或用嘴吹来清除切屑，必须用毛刷清除，钻出长条切屑时，要用钩子钩断后除去。

（6）操作者的头部不准与旋转着的主轴靠得太近，停车时应让主轴自然停止，不可用手去刹车，也不能用反转制动。

（7）清洁钻床或加注润滑油时，必须切断电源。

（二）铰孔的基本概念及相关知识

1. 铰孔

用铰刀对已经粗加工的孔进行精加工叫做铰孔。铰孔的目的是为了获得较高尺寸精度和较小表面粗糙度值的孔。铰孔用的刀具叫做铰刀。铰刀是尺寸精确的多刃工具，它具有刀齿数量多、切削用量小、切削阻力小和导向性好等优点。铰孔尺寸精度可达 IT7~IT9，表面粗糙度值可达到 Ra1.6μm。

2. 铰刀的种类

铰刀有手用铰刀和机用铰刀两种。手铰刀用于手工铰孔，柄部为直柄，工作部分较长；机铰刀多为锥柄，装在钻床上进行铰孔。

铰刀的刀齿有直齿和螺旋齿两种。直齿铰刀是常见的，螺旋铰刀多用于铰有缺口或带槽的孔，其特点是在铰削时不会被钩住，且切削平稳。

3. 铰孔方法

（1）铰削余量选择。

1）铰削余量。铰孔余量是否合适，对铰出孔的表面粗糙度和精度影响很大。如余量太大，不但孔铰不光，而且铰刀容易磨损；铰孔余量太小，则不能去掉上道工序留下的刀痕，也达不到要求的表面粗糙度。具体数值可以参照下表。在一般情况下，对 IT9、IT8 级孔可一次铰出；对 IT7 级的孔，应分粗铰和精铰；对孔径大于 20mm 的孔，可先钻孔，再扩孔，然后进行铰孔。

铰孔余量表 单位：mm

铰孔直径	<5	5~20	21~32	33~50	51~70
铰削余量	0.1~0.2	0.2~0.3	0.3	0.5	0.8

2）机铰铰削速度 v 的选择。机铰时为了获得较小的加工表面粗糙度，必须避免产生积屑瘤，减少切削热及变形，因而应取较小的切削速度。用高速钢铰刀铰钢件时 v=4~8m/min；铰铸铁时 v=6~8m/min；铰铜件时 v=8~12m/min。

3）机铰进给量 f 的选择。对铰钢件及铸铁可取 0.5~1mm/r；铜、铝可取 1~1.2mm/r。

（2）铰削操作方法。

1）在手铰起铰时，可用右手通过铰孔轴线施加进刀压力，左手转动。正常铰削时，两手用力要均匀、平稳地旋转，不得有侧向压力，同时适当加压，使铰刀均匀地进给，以保证铰刀被正确引进并获得较小的加工表面粗糙度，并避免孔口成喇叭形或将孔径扩大。

2）铰刀铰孔或退出铰刀时，铰刀均不能反转，以防止刃口磨钝以及切屑嵌入刀具后面与孔壁间，将孔壁划伤。

3）机铰时，应使工件一次装夹进行钻、铰工作，以保证铰刀中心线与钻孔中心线一致。铰毕后，要铰刀退出后再停车，以防止孔壁拉出痕迹。

4）铰尺寸较小的圆锥孔，可先按小端直径留取圆柱孔，然后用锥铰刀铰削即可。对尺寸和深度较大的锥孔，为减小铰削余量，铰孔前可先钻出阶梯孔，然后再用铰刀铰削。铰削过程中要经常用相配的锥销来检查铰孔尺寸。

（3）铰削时的切削液。铰削时必须选用适当的切削液来减少摩擦并降低刀具和工件的温度，防止产生积屑瘤并减少切削细末粘附在铰刀刀刃上，以及孔壁和铰刀的刃带之间，从而减小加工表面的表面粗糙度和孔的扩大量。选用时可以参照下表：

加工材料	切削液
钢	10%~20%乳化液 30%工业植物油+70%的浓度为 3%~5%的乳化液 工业植物油
铸铁	不用；煤油；3%~5%乳化液
铝	煤油；3%~5%乳化液
铜	5%~ 8%乳化液

4. 注意事项

（1）铰刀是精加工工具，要保护好刃口，避免碰撞，刀刃上如有毛刺或切屑粘附，可以用油石小心地磨去。

（2）铰刀排屑功能差，须经常取出清屑，以免铰刀被卡住。

（3）铰定位圆锥销孔时，因锥度小有自锁性，其进给量不能太大，以免铰刀卡死或折断。

（4）掌握好铰孔中常会出现的问题及产生原因，以便在练习时加以注意。

铰孔时可能出现的问题和产生的原因如下表：

出现的问题	产生的原因
加工表面粗糙度大	1. 铰削余量太大或太小 2. 铰刀的切削刃不锋利、刃口崩裂或有缺口 3. 不用切削液，或用不适当的切削液 4. 铰刀退出时反转，手铰时铰刀旋转不平稳 5. 切削速度太高产生刀瘤，或刀刃上粘有切屑 6. 容屑槽内切屑堵塞
孔呈多角形	1. 铰削余量太大，铰刀振动 2. 铰孔前钻孔不圆，铰刀发生弹跳现象
孔径缩小	1. 铰刀磨损 2. 铰铸铁时加煤油 3. 铰刀已钝
孔径扩大	1. 铰刀中心线与钻孔中心线不同轴 2. 铰孔时两手用力不均匀 3. 铰削钢件时没有加切削液 4. 进给量与铰削余量过大 5. 机铰时，钻轴摆动太大 6. 切削速度太高，铰刀热膨胀 7. 操作粗心，铰刀直径大于要求尺寸 8. 铰锥孔时没有及时用锥销检查

（三）螺纹加工基本概念及相关知识

1. 攻螺纹

用丝锥在孔中切削出内螺纹称为攻螺纹。

丝锥是加工内螺纹的工具。按加工螺纹的种类不同分为：普通三角螺纹丝锥（其中，M6~M24 的丝锥为二只一套，小于 M6 和大于 M24 的丝锥为三只一套）、圆柱管螺纹丝锥（为二只一套）、圆锥管螺纹丝锥（大小尺寸均为单只）。按加工方法分为：机用丝锥和手用丝锥。

铰手是用来夹持丝锥的工具。有普通铰手和丁字铰手两类。丁字铰手主要用在工件凸台旁的螺孔或机体内部的螺孔。各类铰手有固定式和活络式两种。固定式铰手常用于攻 M5 以下的螺孔，活络式铰手可以调节攻孔尺寸。

铰手长度应根据丝锥尺寸大小选择，以便控制一定的攻丝扭矩。可以参照下表：

丝锥直径（mm）	≤6	8~10	12~14	≥16
铰手长度（mm）	150~200	200~250	250~300	400~450

2. 攻丝底孔直径的确定

用丝锥攻螺纹时，每个切削刃一方面在切屑金属，另一方面也在挤压金属。因而会产生金属凸起并向牙尖流动的现象。这一现象对于韧性材料尤为显著。若攻丝前钻孔直径与螺孔小径相同时，被丝锥挤出的金属会卡住丝锥甚至将其折断，因此底孔直径应比螺纹小径略大，这样，挤出的金属流向牙尖正好形成完整螺纹，又不易卡住丝锥。但是，若底孔钻得太大，又会使螺纹的牙型高度不够，降低强度。所以确定底孔直径的大小要根据工件的材料性质、螺纹直径的大小来考虑，其方法可用下列经验公式得出。

（1）制螺纹底孔直径的经验计算式：

脆性材料：$D_底 = D - 1.05P$

韧性材料：$D_底 = D - P$

其中，$D_底$为底孔直径（mm）；D 为螺纹大径（mm）；P 为螺距（mm）。

【例】分别在中碳钢和铸铁上攻 M10×1.5 螺孔，求各自的底孔直径。

解：中碳钢属韧性材料，故底孔直径为：

$D_底 = D - P = 10 - 1.5 = 8.5$（mm）

铸铁属脆性材料，故底孔直径为：

$D_底 = D - 1.05P = 10 - 1.05 \times 1.5 = 8.4$（mm）

（2）制螺纹底孔直径的经验计算式：

脆性材料：$D_底 = 25$（$D - 1/n$）

韧性材料：$D_底 = 25$（$D - 1/n$）+（0.2~0.3）

其中，$D_底$为底孔直径（mm）；D 为螺纹大径（mm）；n 为每英寸牙数。

（3）不通孔螺纹的钻孔深度。钻不通孔的螺纹底孔时，由于丝锥的切削部分不能攻出完整的螺纹，所以钻孔深度至少要等于需要的螺纹深度加上丝锥切削部分的长度。这段长度大约等于螺纹大径的 0.7 倍。即：

$L = l + 0.7D$

其中，L 为钻孔深度（mm）；l 为需要的螺纹深度（mm）；D 为螺纹大径（mm）。

3. 攻丝方法

（1）划线，打底孔。

（2）在螺纹底孔的孔口倒角，通孔螺纹两端都倒角，倒角处直径可略大于螺孔大径，这样可使丝锥开始切削时容易切入，并可防止孔口出现挤压出的凸边。

（3）用头锥起攻。起攻时，可一手用手掌按住铰手中部沿丝锥轴线用力加压，另一手配合做顺向旋进；或两手握住铰手两端均匀施加压力，并将丝锥顺向旋进，保证丝锥中心线与孔中心线重合，不歪斜。在丝锥攻入 1~2 圈后，应及时从前后、左右两个方向用角尺进行检查，并不断校正垂直至要求（见图 4-4）。

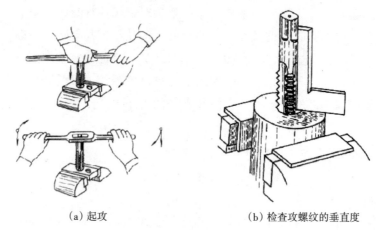

（a）起攻   （b）检查攻螺纹的垂直度

图 4-4　攻螺丝的方法

（4）当丝锥的切削部分全部进入工件时，就不需要再施加压力，而是靠丝锥做自然旋进切削。此时，两手旋转用力要均匀，并要经常倒 1/4~1/2 圈，使切屑碎断后容易排出，避免因切屑阻塞而使丝锥卡住。

（5）攻丝时，必须以头锥、二锥、三锥的顺序攻削至标准尺寸。在较硬的材料上攻丝时，可轮换各丝锥交替攻下，以减小切削部分负荷，防止丝锥折断。

（6）攻不通孔时，可在丝锥上做好深度标记，并要经常退出丝锥，清除留在孔内的切屑。否则会因为切屑堵塞使丝锥折断或攻丝达不到深度要求。当工作不便倒向清屑时，可用弯曲的小管子吹出切屑，或用磁性针棒吸出。

（7）攻韧性材料的螺孔时，要加切削液，以减少加工螺孔的表面粗糙度并延长铰刀使用寿命。攻钢件时用机油，螺纹质量要求高时可用工业植物油。攻铸铁件时可加煤油。

4. 注意事项

（1）在钻底孔时，必须先熟悉钻床的使用、调整，然后再进行加工，并注意做到安全操作。

（2）起攻、起套时，要从两个方向进行垂直度的及时校正，这是保证攻丝、套丝质量的重要一环。特别在套丝时，由于板牙切削部分的锥角 2ϕ 较大，起套时的导向性较差，容易产生板牙端面与圆杆轴心线的不垂直，造成切出的螺纹牙型一面深一面浅，并随着螺纹长度的增加，其歪斜现象将按比例明显增加，甚至不能继续切削。

（3）起攻、起套的正确性以及攻丝时能控制两手用力均匀和掌握好最大用力限度，这是攻丝、套丝的基本功之一，必须用心掌握。

（4）明确攻丝、套丝中常出现的问题及产生的原因（见下表）以便在练习时加以注意。

出现问题	产生原因
螺纹烂牙（乱扣）	1. 攻丝时底孔直径太小，起攻困难，左右偏摆，孔口烂牙 2. 换用二、三锥时强行校正，或没有旋合好就攻丝 3. 圆杆直径过大，起套困难，左右摆动，杆端烂牙
螺纹滑牙	1. 攻不通孔的较小螺纹时，丝锥已到底仍然继续转动 2. 攻强度低或小孔径攻螺纹，丝锥已切出螺纹仍然继续加压，或攻完时，连同铰手做自由的快速转出 3. 未加适当切削液及一直攻，套不倒转，切屑堵塞将螺纹啃坏
螺纹歪斜	1. 攻、套丝位置不正，起攻、套时未做垂直度检查 2. 孔口、杆端倒角不良，两手用力不均，切入时歪斜
螺纹形状不完整	1. 攻丝底孔直径太大，或套丝圆杆直径太小 2. 圆杆不直 3. 板牙经常摆动进行垂直校正
丝锥折断	1. 底孔太小 2. 攻入时丝锥歪斜或歪斜后强行校正 3. 没有经常反转倒屑和清屑，或不通孔攻到底，还继续攻下 4. 使用铰手不当 5. 丝锥牙齿爆裂或磨损过多而强行攻丝 6. 工件材料过硬或夹有硬点 7. 两手用力不均或用力过猛

二、精密量具的使用与保养

（一）量块

1. 概述

量块属于单值量具，但它可以组合成多值。它是由两个相互平行面的距离来确定尺寸的量具。量块又叫块规，是极精密的量具，常用来测量精密零件或校验其他量具与仪器，也可用于调整精密机床。在技术测量上，量块是长度计量的基准。

2. 量块的构成及精度

量块用铬锰钢等特殊合金钢或线膨胀系数小、性质稳定、耐磨以及不易变形的其他材料制成，并经过淬火硬化（HRC63）和精密机械加工，两个平面的精度（平面度）达到 0.0001~0.0005mm。其形状有长方体和圆柱体两种，常用的是长方体。长方体的量块有两个平行的测量面，其余为非测量面。测量面极为光滑、平整，其表面粗糙度 Ra 值达 0.012μm 以上，两测量面之间的距离即为量块的工作长度（标称长度）。标称长度到 5.5mm 的量块，其公称长度值刻印在上测量面上；标称长度大于 5.5mm 的量块，其公称长度值刻印在上测量面左侧较宽的一个非测量面上。

根据标准 GB6093-85 规定，量块按制造精度的高低分为 00、0、1、2、3 和 K 共 6 级，标准 JJG100-91 将量块分为 1~6 等。量块的"级"和"等"是从成批制造和单个检定两种不同的角度出发，对其精度进行划分的两种形式。按"级"使用时，以标记在量块上的标称尺寸作为工作尺寸，该尺寸包含其制造误差。按"等"使用时，必须以检定后的实际尺寸作为工作尺寸，该尺寸不包含制造误差，但包含了检定时的测量误差。就同一量块而言，检定时的测量误差要比制造误差小得多。所以，量块按"等"使用时其精度比按"级"使用要高，能在保持量块原有使用精度的基础上延长其使用寿命。

3. 量块的用途

量块因具有结构简单，尺寸稳定，使用方便等特点，在实际检测工作中得到非常广泛的应用。

（1）作为长度尺寸标准的实物载体，将国家的长度基准按照一定的规范逐级传递到机械产品的制造环节，实现量值统一。

（2）作为标准长度标定量仪，检定量仪的示值误差。

（3）相对测量时以量块为标准，用测量器具比较量块与被测尺寸的差值。

（4）也可直接用于精密测量、精密划线和精密机床的调整。

4. 量块在使用中注意事项

（1）量块必须在使用有效期内，否则应及时送专业部门检定。

（2）使用环境良好，防止各种腐蚀性物质及灰尘对测量面的损伤，影响其黏合性。

（3）分清量块的"级"与"等"，注意使用规则。

（4）所选量块应用航空汽油清洗、洁净软布擦干，待量块温度与环境湿度相同后方可使用。

（5）轻拿、轻放量块，杜绝磕碰、跌落等情况的发生。

（6）不得用手直接接触量块，以免造成汗液对量块的腐蚀及手温对测量精确度的影响。

（7）使用完毕，应用航空汽油清洗所用量块，并擦干后涂上防锈脂存于干燥处。

5. 成套量块的规格尺寸和精度等级

套别	总块数	级别	尺寸系列（mm）	间隔（mm）	块数
1	91	00, 0, 1	0.5	—	1
			1	—	1
			1.001, 1.002, …, 1.009	0.001	9
			1.01, 1.02, …, 1.49	0.01	49
			1.5, 1.6, …, 1.9	0.1	5
			2.0, 2.5, …, 9.5	0.5	16
			10, 20, …, 100	10	10
2	83	00, 0, 1, 2, （3）	0.5	—	1
			1	—	1
			1.005	—	1
			1.01, 1.02, …, 1.49	0.01	49
			1.5, 1.6, …, 1.9	0.1	5
			2.0, 2.5, …, 9.5	0.5	16
			10, 20, …, 100	10	10

续表

套别	总块数	级别	尺寸系列（mm）	间隔（mm）	块数
3	46	0, 1, 2	1	—	1
			1.001, 1.002, …, 1.009	0.001	9
			1.01, 1.02, …, 1.09	0.01	9
			1.1, 1.2, …, 1.9	0.1	9
			2, 3, …, 9	1	8
			10, 20, …, 100	10	10
4	38	0, 1, 2, (3)	1	—	1
			1.005	—	1
			1.01, 1.02, …, 1.09	0.01	9
			1.1, 1.2, …, 1.9	0.1	9
			2, 3, …, 9	1	8
			10, 20, …, 100	10	10
5	10^-	00, 0, 1	0.991, 0.992, …, 1	0.001	10
6	10^+	00, 0, 1	1, 1.001, …, 1.009	0.001	10
7	10^-	00, 0, 1	1.991, 1.992, …, 2	0.001	10
8	10^+	00, 0, 1	2, 2.001, …, 2.009	0.001	10
9	8	00, 0, 1, 2, (3)	125, 150, 175, 200, 250, 300, 400, 500	—	8

注：对于套别 11、12、13、14，允许制成圆形的。

6. 量块的组合原则

（1）每选一块量块至少要使组合尺寸的最后一位数去掉。

（2）一组尺寸使用的量块数越少越好，一般不超过 5 块。

（3）确定组合等级及偏差。组合后的尺寸偏差等于每块的尺寸偏差之和。使用一个等的量块组合后可能会降等。

（4）量块的使用部位一般为中心长度。

7. 量块的保养

（1）使用前：用 120# 汽油清洗，并用丝绸擦干。

（2）使用中：不能用手直接接触量块，最好戴手套。

（3）使用后：同样要清洗擦干，并涂防锈油或凡士林装盒保存。

（二）正弦规

1. 概述

正弦规是一种精密的角度量具。一般在角度 45°以下，尤其在 3°以下，正弦规具有较高的测量精度。

正弦规也叫正弦尺，是利用三角函数的正弦关系，测量工件的角度、锥度尺寸的一种精密量具。主体由工作平板和两个直径相同且精度很高的圆柱组成，两圆柱中心距离有两种规格（100mm 和 200mm），且装有侧挡板和后挡板，便于被检工件在平板表面上定位和定向。正弦规是利用三角函数中的正弦关系，与量块配合测量工件角度和锥度的精密量具。

2. 正弦规的使用方法

正弦规在使用时，必须和量块、千分表等配合使用。

正弦规的使用方法：测量时，将正弦规放置在精密平板上，工件放置在正弦规工作台的台面上，在正弦规一个圆柱下垫上一组量块，量块组的高度可根据被测零件的圆锥角通过计算获得。然后用百分表（或测微仪）检验工件圆锥面上母线两端的高度，若两端的高度相等，说明工件的角度或锥度正确；若高度不等，说明工件的角度或锥度有误差。如图4-5所示。

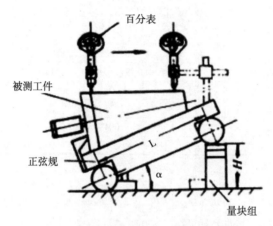

图4-5 正弦规的使用方法

量块组的尺寸计算：

$H=L\sin\alpha$

其中，H为量块组成的尺寸（mm）；L为正弦规两圆柱的中心距（mm）；α为被测工件的圆锥角（即正弦规放置的角度）。

3. 保养方法

（1）要轻拿轻放正弦尺（正弦规），不要强烈振动、碰撞，以防两圆柱松动。

（2）严禁将正弦尺（正弦规）放在平板上随意推来推去，以防圆柱磨损、失去精度。

（3）不要用正弦尺（正弦规）测量表面粗糙、不洁工件。

（4）用毕要用汽油清洗干净并涂上防锈油，以防止零件受损、生锈而对精度造成影响。

（三）百分表的使用方法及保养

1. 百分表的结构特点

结构：百分表通常由测头、量杆、防震弹簧、齿条、齿轮、游丝、表盘及指针等组成。

特点：结构简单，外形尺寸小，重量轻，传动比大，使用方便。

百分表传动机构的种类：齿轮式、杠杆式和蜗轮蜗杆式三种类型。

2. 百分表的工作原理

百分表的工作原理是将被测工件尺寸变化引起的测杆微小直线位移，借助齿条齿轮机构的传动放大，变为指针回转运动，从而在刻度盘（表盘）上读出被测尺寸（或误差）的大小。

3. 百分表的刻线原理及读数方法

（1）由于百分表的测杆齿条和齿轮的齿距（1牙）是 0.625mm，当测杆上升 16 个齿距（16牙）时，即上升 0.625×16=10（mm），16 齿小齿轮转一周，同轴上的 100 齿的大齿轮也转一周，10 齿小齿轮连同长指针就转了 10 周，当测杆上升 1mm 时，长指针就转一周，由于表盘上共等分了 100 格，所以长指针每转一格就表示测杆上升 0.01mm。

（2）读数方法：测量时，长指针和短指针的位置都在变化，长指针转一周，短指针相应转过一格，所以整毫米可以从短指针转过的格数来读得，毫米小数部分可以长指针离开起始位置的格数来读得，在做比较大范围测量时，长指针和短指针在开始的位置都要记住。

读数时，眼睛要垂直地看指针，否则也会由于视差造成读数误差，当长指针停在两条刻线之间时，可进行估读，读出小数点后第三位数，即微米数值。

4. 百分表的用途

常用于形状和位置误差以及小位移的长度测量。分度值为 0.01mm，测量范围为 0~3mm、0~5mm、0~10mm。

5. 使用方法和注意事项

（1）使用前，应先检查该百分表是否在受控范围，检查测量杆活动的灵活性。即轻轻推动测量杆时，测量杆在套筒内的移动要灵活，没有轧卡现象，每次手松开后，指针能回到原来的刻度位置。

（2）使用时，必须把百分表固定在可靠的夹持架上。切不可贪图省事，随便夹在不稳固的地方，否则容易造成测量结果不准确，或摔坏百分表。

（3）测量时，不要使测量杆的行程超过它的测量范围，不要使表头突然撞到工件上，也不要用百分表测量表面粗糙度高或显著凹凸不平的工件。

（4）测量平面时，百分表的测量杆要与平面垂直，测量圆柱形工件时，测量杆要与工件的中心线垂直，否则，将使测量杆活动不灵或测量结果不准确。

（5）为方便读数，在测量前一般都让大指针指到刻度盘的零位。

（6）用百分表校正或测量零件时，应使测量杆有一定的初始测力。即在测量头与零件外表接触时，测量杆应有 0.3~1mm 的紧缩量（千分表可小一点，有 0.1mm 即可），使指针转过半圈左右，然后转动表圈，使表盘的零位刻线对准指针。轻轻地手握测量杆的圆头，拉起和抓紧几次，观察指针所指的零位有无改动。当指针的零位波动后，再开始测量或校正零件。假如是校正零件，此时开始改变零件的绝对位置，读出指针的偏摆值，即为零件装置的偏向数值。

（7）读数：先读小指针转过的刻度线（即毫米整数），再读大指针转过的刻度线（即小数部分），并乘以0.01，然后两者相加，即得到所测量的数值。

6. 百分表的保养

（1）百分表是比较精密的测量工具，要轻拿轻放，不得碰撞或跌落地下。

（2）应定期校验百分表精准度和灵敏度。

（3）百分表使用完毕，用棉纱擦拭干净，放入卡尺盒内存放。

（4）要严禁水、油和灰尘渗入表内，测量杆上也不要加油，以免粘有灰尘的油污进入表内，影响表的灵敏性。

（5）百分表和千分表不运用时，应使测量杆处于自然形态，免使表内的弹簧失效。如内径上的百分表，不用时，应拆下保管。

7. 形位公差

在机械制造中，由于机床精度、工件的装夹精度和加工过程中的变形等多种因素的影响，加工后的零件不仅会产生尺寸误差，还会产生形状误差和位置误差。即零件表面、中心轴线等的实际形状和位置偏离设计所要求的理想形状和位置，从而产生误差。零件图样上除了规定尺寸公差来限制尺寸误差外，还规定了形状公差和位置公差等来限制形状误差和位置误差，以满足零件的功能要求。

8. 形位公差的项目和符号

形位公差可分为形状公差、位置公差和形状或位置公差三类，共14个项目。

形状公差是实测要素的形状相对于其理想形状所允许的变动量。形位公差的代号和基准符号如下表：

分 类	项 目	特征符号		有或无基准要求
形状公差	形状	直线度	—	无
		平面度	▱	无
		圆度	○	无
		圆柱度	/○/	无
形状或位置	轮廓	线轮廓度	⌒	有或无
		面轮廓度	⌒	有或无
位置公差	定向	平行度	//	有
		垂直度	⊥	有
		倾斜度	∠	有
	定位	位置度	⊕	有或无
		同轴度（同心度）	◎	有
		对称度	=	有
	跳动	圆跳动	↗	有
		全跳动	↗↗	有

9. 表面粗糙度

零件表面粗糙度的精度与零件的加工方法、加工的刀具和工件材料等因素有关。表面粗糙度是评定零件表面质量的一项重要技术指标，它对于零件的配合、耐磨性、抗腐蚀性及密封性都有显著的影响，是零件图中不可缺少的技术要求。一般来说，凡是零件上有配合要求或相关运动的表面，表面粗糙度 R_a 值要小，R_a 值越小，表面质量要求就越高，其加工成本也就越高。因此，在满足使用要求的前提下，应尽量选用较大的 R_a 值，以降低经济成本。

（1）表面粗糙度的符号如下表：

符 号	意义及说明
∨	基本符号，表示表面可用任何方法获得，当不加注粗糙度参数值有关说明（如表面处理、局部处理状况等）时，仅适用于简化代号标注
∨	基本符号加一短线，表示表面是用去除材料的方法获得。如车、铣、钻、磨、剪切、抛光、腐蚀、电火花加工、气割等
∨	基本符号加一小圆，表示表面是用不去除材料的方法获得。如铸、锻、冲压变形、热轧、冷轧、粉末冶金等，或者是保持供应状况的表面（包括保持上道工序的状况）
∨ ∨ ∨	在上述三个符号的长边上均可加一横线，用于标注有关参数和说明
∨ ∨ ∨	在上述三个符号的长边上均可加一小圆，表示所有表面具有相同的表面粗糙度要求

（2）表面粗糙度的含义如下表：

符号种类	代号	意义	代号	意义
1	3.2	用任何方法获得的表面粗糙度，R_a 的上限值为 3.2μm	3.2max	用任何方法获得的表面粗糙度，R_a 的最大值为 3.2μm
2	3.2	用去除材料的方法获得的表面粗糙度，R_a 的上限值为 3.2μm	3.2max	用去除材料的方法获得的表面粗糙度，R_a 的最大值为 3.2μm
	3.2 / 1.6	用去除材料的方法获得的表面粗糙度，R_a 的上限值为 3.2μm，R_a 的下限值为 1.6μm	3.2max / 1.6min	用去除材料的方法获得的表面粗糙度，R_a 的最大值为 3.2μm，R_a 的最小值为 1.6μm
3	3.2	用不去除材料的方法获得的表面粗糙度，R_a 的上限值为 3.2μm	3.2max	用不去除材料方法获得的表面粗糙度，R_a 的最大值为 3.2μm

三、三角函数知识

特殊角度三角函数的计算在钳工零件加工中应用比较多，是在零件加工中，角度测量和找点划线时必须要使用的计算方法。

1. 计算公式

构造特殊直角三角形 ABC，如下图，∠A=30°，∠B=60°，∠C=90°。根据定理，特殊直角三角形 30°的对边（直角边）是斜边的一半。设 BC=1，则 AB=2，根据勾股定理求出 $CA = \sqrt{3}$ 。

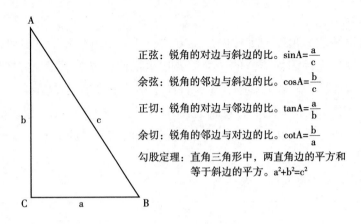

正弦：锐角的对边与斜边的比。$sinA=\dfrac{a}{c}$

余弦：锐角的邻边与斜边的比。$cosA=\dfrac{b}{c}$

正切：锐角的对边与邻边的比。$tanA=\dfrac{a}{b}$

余切：锐角的邻边与对边的比。$cotA=\dfrac{b}{a}$

勾股定理：直角三角形中，两直角边的平方和
等于斜边的平方。$a^2+b^2=c^2$

2. 特殊角度三角函数值

角度	0°	30°	45°	60°	90°
sinα（A）	0	1/2	$\sqrt{2}/2$	$\sqrt{3}/2$	1
cosα（A）	1	$\sqrt{3}/2$	$\sqrt{2}/2$	1/2	0
tanα（A）	0	$\sqrt{3}/3$	1	$\sqrt{3}$	—
cotα（A）	—	$\sqrt{3}$	1	$\sqrt{3}/3$	0

典型工作任务五　模具零件制作

学习任务描述

在接受加工任务后，查阅信息，做好加工前的准备工作，包括查阅模具的结构、类型及铣床、钻床的结构、使用及保养，并做好安全防护措施。通过分析组合凸凹模具的图样制定加工步骤，编制加工工艺卡。加工过程中对设备的操作应正确、规范，工具、量具、夹具及刃具摆放应规范整齐，工作场地保持清洁；严格遵守钳工操作及设备安全操作规程，养成安全文明生产的良好职业习惯。

学习活动一　接受任务，制订加工计划

 学习目标

- 能接受任务，明确任务要求；
- 看懂分析图样；
- 制订加工步骤，编制加工工艺卡。

 学习过程

一、学习准备

图纸（见图 5-1）、任务书、教材。

二、引导问题

分析模具图纸：

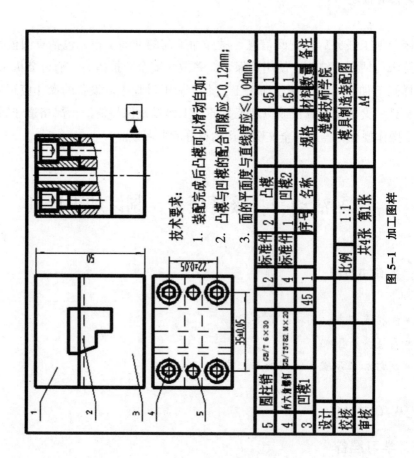

技术要求:
1. 装配完成后凸模可以滑动自如;
2. 凸模与凹模的配合间隙应＜0.12mm;
3. 面的平面度与直线度应≤0.04mm。

5	圆柱销		GB/T 6×30	2	标准件	45	1	
4	内六角螺钉		GB/T5782 M×20	4	标准件	45	1	
3	凹模1			1		凸模	45	1	
				2		凹模2	45	1	
序号	名称		规格	序号		名称	材料	数量	备注

设计			比例	1:1		楚雄技师学院		
校核						模具制造装配图		
审核			共4张	第1张		A4		

图 5-1 加工图样

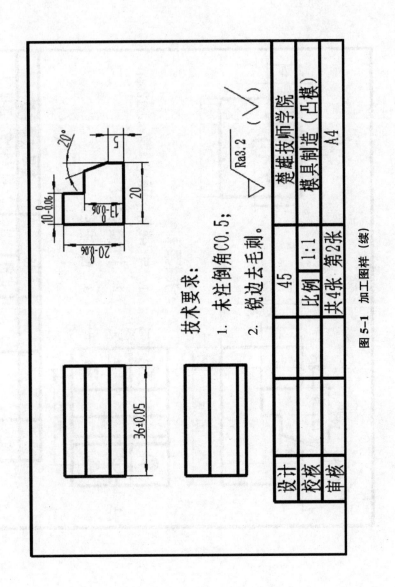

技术要求:
1. 未注倒角C0.5;
2. 锐边去毛刺。

设计		45		楚雄技师学院
校核		比例	1:1	模具制造(凸模)
审核		共4张	第2张	A4

图5-1 加工图样(续)

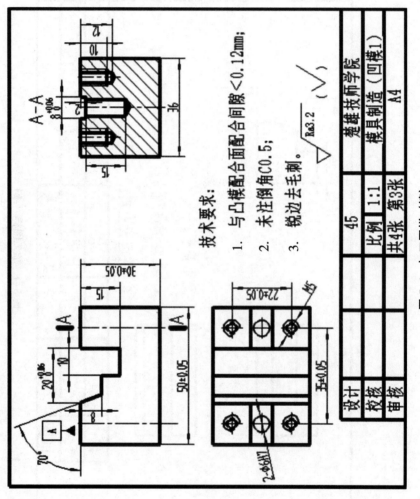

技术要求：
1. 与凸模配合面配合间隙＜0.12mm；
2. 未注倒角C0.5；
3. 锐边去毛刺。

$\sqrt{Ra3.2}$（√）

设计		楚雄技师学院	
校核		模具制造（凹模1）	
审核			
	45	比例 1:1	A4
		共4张 第3张	

图 5-1 加工图样（续）

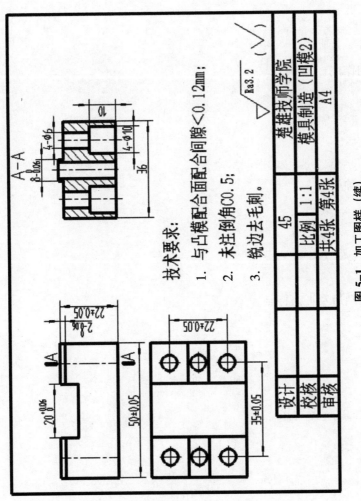

技术要求:
1. 与凸模配合面配合间隙<0.12mm;
2. 未注倒角C0.5;
3. 锐边去毛刺。

$\sqrt{Ra3.2}$ ($\sqrt{}$)

		楚雄技师学院	
		模具制造(凹模2)	
	45		A4
设计		比例 1:1	第4张
校核		共4张	
审核			

图5-1 加工图样(续)

A—A

4-φ6
4-φ10
$8^{0}_{-0.06}$
10
36

22 ± 0.05
$2-8^{0}_{-0.06}$
22 ± 0.05
$20^{+0.06}_{0}$
50 ± 0.05
35 ± 0.05
A
A

（1）生活中常见的模具制造产品有哪些？

（2）模具的概念。

（3）模具的作用。

（4）模具的种类。

（5）模具的制造及工艺特点。

（6）模具制造的基本要求。

（7）模具的使用寿命及基本概念。

（8）根据你的分析，安排工作进度。

序 号	开始时间	结束时间	工作内容	工作要求	备 注

（9）根据小组成员特点完成下表。

小组成员名单	成员特点	小组中的分工	备 注

（10）小组讨论记录（小组记录需有：记录人、主持人、日期、内容等要素）。

学习活动二 加工前的准备

 学习目标

- 熟悉铣床的结构及功能并熟练操作；
- 熟悉钻床的结构及功能并熟练操作；
- 熟悉钻头和刀具的结构特点及几何角度对切削的影响；
- 能正确刃磨麻花钻进行孔加工操作。

 学习过程

一、学习准备

机床设备的使用说明书、教材。

二、引导问题

（1）铣床、钻床的安全操作规程有哪些？

（2）操作铣床、钻床的注意事项有哪些？

（3）铣床、钻床的保养内容有哪些？

（4）工件的装夹要注意些什么？

（5）写出下列工具、刀具、设备的名称。

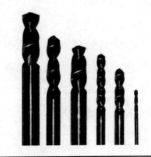

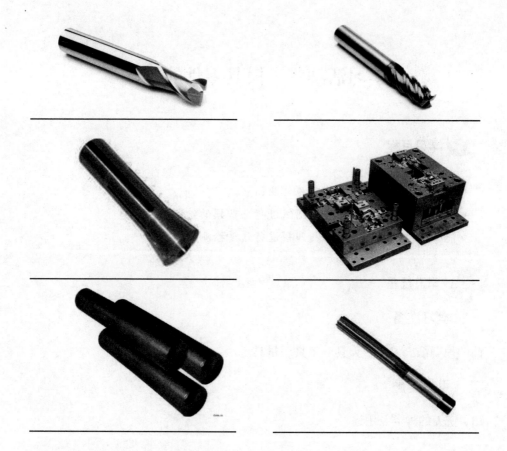

_____   _____

_____   _____

_____   _____

（6）列出你所需要的工量具及刀具

序　号	名　称	规　格	精　度	数　量	用　途
1					
2					
3					
4					
5					
6					
7					

学习活动三 模具零件的制作

 学习目标

- 能按照"7S"管理规范实施作业;
- 能合理地使用设备,按照图纸进行凸凹模的铣削加工;
- 能正确对铣削完成后的凸凹模进行质量检测。

 学习过程

一、学习准备

凸凹模图纸、刀具、刃具、工具、量具。

二、引导问题

(1)铣刀的种类及用途。

(2)怎样安装、调整铣刀?

(3)安装铣刀时的注意事项有哪些?

（4）铣刀切削部分的常用材料。

（5）铣削加工前平口钳的安装校正。

（6）铣床主轴转速和进给量的选择。

（7）键槽铣刀和立铣刀的区别。

（8）铣削的方法有哪两种？其特点有哪些？

（9）顺铣和逆铣有什么特点？

（10）麻花钻的组成及工作部分的几何形状。

（11）麻花钻的拆装。

（12）钻床转速的选择。

（13）铰刀的种类及铰削余量的选择。

（14）攻螺纹底孔直径的确定。

（15）攻螺纹的注意事项有哪些？

（16）按工序及工步的方式，编写出凸凹模的加工工艺卡片。

工 序	工 步	操作内容	使用工具

续表

工　序	工　步	操作内容	使用工具

学习活动四　产品质量检测及误差分析

 **学习目标**

- 能制定凸凹模的装配工艺；
- 能按照技术要求及装配工艺完成工作任务；
- 能按装配技术要求对装配质量进行检测；
- 能解决装配中出现的技术问题。

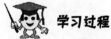 **学习过程**

一、学习准备

凸凹模的装配图纸、装配工具、检验量具。

二、引导问题

（1）概述装配工艺。

（2）装配工艺过程由哪几部分组成？

（3）装配工作的组织形式。

（4）装配工艺的规程。

（5）装配尺寸链的基本概念。

（6）为什么 2–Φ6H7 的定位销孔要装配完成后经检验才能进行钻铰加工？

（7）怎样才能到达到凸凹模配合间隙<0.12mm？

（8）怎样保证 A 面的平面度与直线度≤0.04mm？

三、成绩评定方法

（1）工件成绩评定方法：尺寸测量评分和现场评分；尺寸测量占 70%，现场操作占 30%。

（2）工件尺寸检测评分表。

根据下表的项目与要求进行模具的制造、装配、试模、制品质量评分：

项目	序号	考核项目与要求	评分标准	配分	得分	备注
加工精度 （40分）	1	尺寸精度	根据图纸项目进行检测配分	30		
	2	位置精度		5		
	3	表面质量		5		
装配 （30分）	4	凸模与凹模的配合间隙	<0.12mm	15		
	5	A面的直线度与平面度	≤0.04mm	5		
	6	装配顺序、方法是否合理	每有一处不合理扣2分			从总分中扣除
	7	各机构装配后是否运动灵活、准确可靠	运动有阻滞现象每处扣2分	10		
	8	是否出现漏装、错装现象	每处扣2分，扣完为止			从总分中扣除
	9	得分				

（3）现场考核记录表。

序号	考核项目与要求	评分标准	扣分	备注
1	铣床操作是否熟练	动作不协调、不灵活，视情况扣1~5分		
2	铣床操作是否符合规范、正确	操作不规范扣1~5分		
3	刀具选择是否合理	不合理扣3分		
4	工件装夹是否合理、正确	装夹不合理扣3分，错误扣5分		
5	工、量具是否摆放规范	视情况扣1~5分		
6	设备维护与保养（铁屑清理与设备润滑）	不润滑设备扣2分，不清理铁屑扣2分		
7	着装是否规范			
8	扣分	得分		
9	总分30分，总分减去扣除的分数等于得分，分数扣完为止			
10	总得分			

学习活动五　工作总结与评价

学习目标

- 能清晰合理地撰写总结；
- 能有效进行工作反馈与经验交流。

学习过程

一、学习准备

任务书、数据的对比分析结果、电脑等。

二、引导问题

（1）请简单写出本次学习任务最大的收获。

（2）总结本次学习任务过程中存在的问题并提出解决方法。

（3）本次学习任务中你做得最好的一项或几项内容是什么？

（4）完成工作总结并提出改进意见。

 评价与分析

活动过程评价表

班级：_____ 姓名：_____ 学号：_____ _____年___月___日

评价项目及标准		分数	自我评价 (10%)	小组评价 (30%)	教师评价 (60%)
操作 技能	1. 检测工量具的正确规范使用	10			
	2. 动手能力强，理论联系实际，善于灵活应用	10			
	3. 检测的速度	10			
	4. 熟悉质量分析、结合实际，提高自己的综合实践能力	10			
	5. 检测的准确性	10			
	6. 通过检测，能对加工工艺进行合理性分析	10			
实习 过程	1. 查阅、收集资料情况 2. 任务完成情况 3. 成果展示情况 4. 纪律观念 5. 实训安全操作 6. 检测工件规范情况 7. 平时出勤情况 8. 检测完成质量 9. 检测的速度与准确性 10. 每天对工量具的整理保管及场地卫生清扫情况	30			
情感 态度	1. 师生互动 2. 良好的劳动习惯 3. 组员的交流、合作 4. 动手操作的兴趣、态度、积极主动性	10			
小 计		100			
总 计					
工件检测 得分			综合测评得分		
简要 评述					

注：综合测评得分=总计×50% + 工件检测得分×50%。

任课教师签字：_____

 知识链接

一、模具的概述

1. 模具的概念

工业生产中装在压力设备上的专用工具使金属或非金属材料变形，这一过程需要压力设备提供压力或动力，有的需要处于高温状态使之变形，这样的设备统称为模具。用模具制造出来的各种零件通称为"制件"。模具成形是实现无切屑加工的主要形式，是一种先进的加工方法。

2. 模具的作用及特点

模具在工业生产中的使用极为广泛，如大批量生产标准件，形状复杂的塑料制件等。其具有高效、节能、成本低、保证质量等一系列优点，能适应产品竞争并不断地更新换代。

3. 模具的分类（见下表）

按结构形式分	进一步按工艺性质分	按工序分
冷冲模	冲裁模	落料模
		冲孔模
		切边模
	弯曲模	弯形模
		卷边模
	成形模	整形模
		缩口模
		翻边模
		压印模
	冷挤压模	—
型腔模	塑料模	注塑模
		挤出成形模
		压缩模
		中空吹塑模
	压铸模	—
	橡胶模	—
	锻模	—
	粉末冶金模	—
	陶瓷模	—

在常温状态下，利用压力设备的压力使坯料分离或变形，从而制成零件的模具称为冷冲模。

利用自身型腔内部形状，使型腔内具有塑性或呈液态状的材料成形的模具称为型腔模。

4. 模具的制造及工艺特点

模具制造的特点：

（1）模具制造一般有多品种、针对单件的特点。

（2）模具一般需要成套制造。

（3）模具装配后必须进行调试和试用。

（4）用试验方法确定模具尺寸。

（5）模具制造的准备工作复杂，制造周期长。

模具制造的工艺特点：

（1）制造模具零件的毛坯，通常用木模、手工制造、砂型铸造或自由锻造加工而成。

（2）加工模具零件，除用普通机床加工外，还需要用高效、精密的设备来加工。

（3）加工模具零件时，一般多用配合加工的方法，精密模具应考虑工作部分的互换性。

（4）为使模具从单件生产转化为成批量生产，通常将模具的常用零件设计成标准件，使零部件标准化、系列化。

5. 模具的精度

模具的精度主要是指模具成形零件工作尺寸的精度和成形表面的表面质量。模具精度可以分为模具零件本身的精度和装配的精度。模具的精度越高，则成形的制件精度也越高，但过高的模具精度会受到模具加工技术手段的制约，所以模具精度要与所形成的制件精度相匹配，同时还要考虑现有的模具生产条件。

一般模具的精度要求模具的工作尺寸的制造公差应控制在制件尺寸公差的1/4~1/3，要求其成形表面的表面粗糙度值 $Ra \leqslant 0.4 \mu m$。

影响模具精度的因素：①模具的原始精度。②模具的类型和机构。③模具的磨损。④模具的变形。⑤模具的使用条件。

6. 模具的使用寿命

模具的使用寿命是指模具因磨损或其他原因失效，至不可修复而报废之前所成形的合格制件总数。也可用模具在失效至不可修复而报废前所完成的工作循环次数表示。

影响模具使用寿命的因素有：①制件材料。②模具材料。③模具热处理。④模具机构。⑤模具加工工艺。⑥模具的使用、维护和保管。

二、模具的结构

（一）冷冲模结构

冲压的基本概念：冲压是利用安装在冲压设备（主要是压力机）上的模具对材料施加压力，使其产生分离或塑性变形，从而获得所需零件（俗称冲压件或冲件）的一种压力加工方法。冲压加工三要素是冲压模具、冲压设备和冲压材料。

1. 冲压加工的优点

（1）冲压加工的生产效率高，且操作方便，易于实现自动化生产。

（2）冲压时，模具保证了冲压件的尺寸与形状精度，也不会破坏冲压材料的表面质量，而且模具的使用寿命长，冲压件的质量稳定、互换性好。

（3）可以冲压出尺寸范围较大、形状复杂的零件，如小到钟表的秒针，大到汽车纵梁、覆盖件等。

（4）冲压一般没有切屑碎料生成，材料的消耗较小，也不需要其他加热设备，因而是一种省料、节能、成本较低的加工方法。

2. 冲裁模冲裁工艺分析

冲裁就是利用模具使材料相互分离的工序，它包括落料、冲孔、切断、修边、切口等工序。根据变形机理的不同，冲裁可分为普通冲裁和精密冲裁两类。冲裁变形分为弹性变形、塑性变形、断裂分离三个过程。冲裁件的切断面可分成毛刺、毛面、塌角、光面四个具有明显特征的区域，其中光面越宽，说明断面质量越好，正常情况下，普通冲裁的光面宽度约占全断面的 1/3~1/2。

减少塌角、毛刺和翘曲的主要方法是：尽可能采用合理间隙的下限值；保持模具刃口的锋利；合理选择搭边值；采用压料板和顶板等措施。

3. 冲裁间隙

冲裁间隙是指冲裁模的凸模与凹模刃口之间的间隙，分单面间隙和双面间隙。凸模与凹模间每侧的间隙称为单面间隙，用 C 表示；两侧间隙之和称为双面间隙，用 Z 表示。如无特殊说明，冲裁间隙就是指双面间隙。

间隙大小对冲裁件断面质量的影响：

（1）间隙过小。间隙过小时，断面两端呈光面，中间有带夹层（潜伏裂纹）的毛面，塌角小，冲裁件的翘曲小，毛刺虽比合理间隙时高一些，但易去除，如果中间夹层裂纹不是很深，仍可使用。

（2）间隙合适。间隙合适时，上、下刃口处产生的剪切裂纹基本重合，此时尽管断面与材料表面不垂直，但还是比较平直、光滑，塌角、毛刺和毛面斜角较小，断面质量较好。

（3）间隙过大。间隙过大时，材料的弯曲与拉伸增大，拉应力增大，易产生剪裂纹，塑性变形阶段较早结束，致使断面光面减小，毛面、塌角、毛刺，冲裁件拱弯增大，毛面斜角增大，断面质量不理想。

间隙是影响模具使用寿命的一个重要因素，所以为了提高模具使用寿命，一般采用较大间隙。若制件精度要求不高时，采用合理大间隙，使 2C/t（t 为材料厚度）达到 15%~25%，模具使用寿命可提高 3~5 倍。若采用小间隙，就必须提高模具硬度与模具制造精度，在冲裁刃口进行充分的润滑，以减小磨损。

4. 冲裁模的组成和基本结构

用于将板料相互分离的冷冲模称为冲裁模。

（1）冲裁模的组成。冲裁模主要由上模和下模两大部分组成。冲裁模的特点是能一次完成制件的落料、冲孔等工序。

（2）冲裁模的基本结构如下表所示：

序号	名　称	作　用
1	工作零件	是冲裁模中最重要的工作零件，是直接使坯料产生分离或塑性变形的主要零件。如凸模、凹模、凸凹模

续表

序号	名　称	作　用
2	定位零件	是保证板料（或毛坯）在冲裁模中具有准确位置的零件。包括挡料销、导尺、侧刃、导正销等
3	卸料压料顶出零件	它们的作用是从凹模、凸模上卸下制件或废料。缓冲零件既起压料作用又起卸料和顶料作用。包括卸料、打料杆、顶料和缓冲零件
4	导向零件	是保证上、下模正确运动，不至于使上、下模产生位移的零件。包括导柱、导套和导板
5	固定零件	是连接和固定工作零件，使之成为完整模具的零件。包括模座（模板）、垫板、固定板、模柄等
6	坚固零件	是连接和紧固各类零件，使之成为完整模具的零件，也是模具连接压力机的零件，包括各种螺钉、销钉、压板、垫铁等

5. 各种冲裁模的比较

冲裁模根据典型结构及特点分为单工序模、复合模、级进模三种。三种冲裁模的各项指标对比如下表所示：

比较项目	模具种类			
	单工序模		复合模	级进模
	无导向	有导向		
冲件精度	低	一般	可达 IT8 ~ IT10	可达 IT10 ~ IT13
冲件平面度	差	一般	有压料板和推料块，制件较平整	由于制件直接从凹模落下，要求较高时需平整
冲件最大尺寸和材料厚度	尺寸和厚度不受限制	中小型尺寸、厚度较大	尺寸 300mm 以下，厚度在 0.05~3mm	尺寸 250mm 以下，厚度在 0.1~6mm
生产率	低	较低	由于制件或废料落在模具表面，必须清除后进行冲裁，生产率稍低	工序间可自动送料，制件或废料直接从凹模落下，生产率高
使用高速压力机的可能性	不能使用	可以使用	制件或废料落在模具表面难以清除，不能使用	可以使用
模具制造的工作量和成本	低	比无导向的稍高	冲裁复杂形状制件时比级进模低	冲裁简单形状制件时比复合模低
适应冲件批量	小批量	中小批量	大批量	大批量
安全性	需要采取安全措施		需要采取安全措施	比较安全

6. 冲裁模常见零部件的结构形式

常见的凸模、凹模形式如下表所示：

名称	形式	特点
凸模	台肩式	这种凸模加工简单，装配修磨方便，是一种经济实用的凸模形式
	圆柱式	为简化制造过程，常将形状复杂的中、小型凸模，在长度方向制成相同的断面
	护套式	当冲孔直径较小（近似于板料厚度）时，常采用此结构，以保护凸模不易折断
	整体式	常用于大、中型复杂形状的凸模，装配时，用固定板和螺钉直接与上模座紧固
凹模	台肩镶块式	主要用于冲件较大但冲孔数量较少的模具，用固定板固定，可节省材料，也适用于易损的凹模，便于更换
	整体式	适用于冲孔数量较多，形状复杂的模具，精度高。它可用螺钉直接固定在模座上

常见凹模刃口形式：过渡孔柱形刃口、锥形刃口、柱形刃口（可调整）、通孔柱形刃口。

7. 定位零件的结构形式

定位零件的作用是使坯料或工序件在模具上相对凸、凹模有正确的位置。定位件分为以外缘定位（一般用于毛料的外形定位）和以内孔定位（一般用于毛料的内孔定位）两种。

8. 弯曲模

弯曲工艺所使用的模具称为弯曲模。弯曲模的结构整体由上、下模两部分组成。常见的弯曲模结构类型有：单工序弯曲模、级进弯曲模、复合弯曲模和通用弯曲模。

9. 拉深模

拉深模根据结构形式、使用要求、工序组合和压力机的不同可分为下表所示几种：

类　型	模具结构形式
按结构形式与使用要求不同分类	首次拉深模、以后各次拉深模、有压料装置拉深模、无压料装置拉深模、倾装式拉深模、倒装式拉深模、下出件拉深模、上出件拉深模
按工序的组合程度不同分类	单工序拉深模、复合工序拉深模与级进工序拉深模
按使用的压力机不同分类	单动压力机上使用的拉深模与双动力机上使用的拉深模

（二）塑料成形模的结构

1. 塑料成形模具的基本概念及成形原理

塑料是指以树脂为主要成分的原料制成的有机合成材料，树脂在塑料中常常是起决定性作用的，可根据不同的树脂或者制件的不同要求，加入不同的添加剂，从而获得不同性能的塑料制件。

塑料的种类很多，按其受热后所表现的性能不同，可分为热固性塑料和热塑性塑料两大类（见下表）。

分　类	性能特点	常用材料
热固性塑料	初受热时变软，可以塑制成一定形状，但加热到一定时间后或加入固化剂后就硬化定型，再加热则不熔融也不溶解，形成体型（网状）结构物质	酚醛塑料、环氧塑料、氨基塑料等
热塑性塑料	是指在特定温度范围内能反复加热和冷却硬化的塑料。这类塑料在成形过程中只发生物理变化，所以，受热后可多次成形。其废料可回收利用	聚氯乙烯、聚乙烯、聚苯乙烯、ABS、有机玻璃、尼龙等

塑料按其性能和用途不同又可分为通用塑料、工程塑料和增强塑料（见下表）。

分 类	特 点	常用材料
通用塑料	产量大、用途广、价格低	聚氯乙烯、聚乙烯、聚苯乙烯、聚丙烯、酚醛树脂
工程塑料	在工程技术中作为结构材料	聚酰胺、ABS、聚碳酸酯、聚甲醛
增强塑料	在塑料中加入玻璃纤维等辅料作为增强材料，以改善力学、电学性能	热塑性增强塑料又称玻璃钢

塑料模的类型很多，按塑料制件成形的方法不同，可分为注塑模（注射模）、压缩模和压注模；按成形的塑料不同，可分为热塑性塑料模和热固性塑料模等。对塑料进行模塑成形所用的设备称塑料模成形设备。按成形工艺方法不同，可分为塑料注塑机、液压机、挤出机、吹塑机等。最常用的为塑料注塑机（又称注塑机）。注塑机通常采用结构特征来区分，分为柱塞注塑机和螺杆注塑机两类。注塑机由注射系统、锁模系统、传动机构、模具组成。

注射模塑成形过程包括加热预塑、合模、注射、保压、冷却定形、开模、推出制件等主要工序。

压缩模塑成形过程包括加料、闭模、固化、脱模等主要工序。压注模塑成形过程与压缩模塑成形过程基本相同。

2. 注塑模的结构

注塑模的结构主要由动模和定模两大部分组成。

特点：模塑生产周期短、效率高，可以实现自动化生产，也能保证制件的精度，适用范围广，但设备昂贵，模具复杂。

定模部分：定模一般固定在成形设备的固定座板上，与料筒前端的喷嘴相连，是模具的固定部分。

动模部分：动模一般固定在成形设备的动模座板上，可随动模座板往复运动，合模时，由锁紧机构锁紧，是模具的活动部分。

注塑模由各种标准的模板构成模具框架。它由导柱、导套导向，动、定模型芯构成闭合型腔，制件由推出机构推出。

注塑模基本结构的组成部分如下表所示：

序 号	名 称	作 用
1	成形部分	是直接与塑料接触的零件，并决定塑料制件的形状和尺寸精度。它由固定的镶块、型芯与活动型芯组成，分别装在动模、定模和滑块上而构成型腔的主要零件
2	浇注系统	是将熔融状态的塑料由注塑机喷嘴经浇口套和内浇道引入型腔的进料通道。浇注系统是在模具闭合后形成的，它直接影响制件质量的一个重要因素
3	导向零件	作用是准确引导动模和定模的开启和闭合。既是动模和定模的定位元件，又是避免塑件分型面错位的重要零件之一。此外，还是正确引导推出机构的导向零件
4	推出机构	主要用于在开模过程中将制件及浇道凝料从模具型腔中推出。推出机构由推杆、拉料杆、推杆固定板、推杆底板和复位杆等组成。它有单独的导向和定位零件

序　号	名　称	作　用
5	模架	由各种模板构成模具框架。其作用是将模具各种机构和成形零件组合和固定，满足模具的闭合要求，使模具能够正确地安装到压铸机上
6	排气系统	用来在成形过程中排出型腔中的空气及塑料本身挥发出来的气体
7	抽芯机构	用来在开模推出制件前，抽出制件上侧面的成形、侧孔的零部件，一副模具可有多个，是根据铸件形状的需要，在模具上设计一个或多个滑块，来完成铸件侧面形状的成形，也是压铸模中一个十分重要的部分，其机构形式有滑块抽芯、内抽芯等
8	辅助元件	主要包括螺栓、销钉、吊环、冷却水管、加热装置等。主要作用是用于模具的紧固、定位、吊装、冷却和加热等，以满足工艺的需要

3. 注塑模分类

注塑模的分类方法很多，按照不同的划分依据，通常有以下几类：

(1) 按塑料材料类别分为热塑性注塑模、热固性注塑模。

(2) 按模具型腔数目分为单型腔注塑模、多型腔注塑模。

(3) 按模具安装方式分为移动式注塑模、固定式注塑模。

(4) 按注塑机类型分为卧式注塑机模、立式注塑机模和直角式注塑机模。

(5) 按塑件尺寸精度分为一般注塑模、精密注塑模。

(6) 按模具浇注系统分为冷流道模、绝热流道模、热流道模、温流道模。

4. 注塑模的总体结构特征

(1) 单分型面注塑模 (二板式注塑模)。单分型面注塑模是注塑模具中应用最广泛、最简单、最典型的一种，构成型腔的一部分在动模上，另一部分在定模上。

定模部分：由定模底板、定模镶块、定模框、定位圈、浇口套等零件组成。

动模部分：由动模板、动模镶块、型芯、导柱、动模框、动模底板、推杆、推杆固定板、推杆底板等零件组成。

特点：该注塑模结构简单，成形塑件的适应性强，但塑件连同凝料在一起，需手工处理。

(2) 双分型面注塑模 (三板式注塑模)。双分型面注塑模特指浇注系统凝料和制件由不同的分型面取出，也叫三板式注塑模。

结构特点：与单分型面模具相比，定模板上设计了进料浇道，它用于针点浇口进料的单型腔或多型腔模具。开模时，定模板与定模底板由定距板做定距分离，便于取出这两块板间的浇注系统凝料，推件板在推出机构的作用下将制件推出。

脱模原理：开模时，定模板与定模底板之间在弹簧的作用下分型，将主浇道的凝料从浇口套脱出，动模继续后退由定距板限位后，使定模板与推件板分型并将制件与浇口拉断，塑件与型芯一起后退，再由推出机构推动推件板使制件落下。

(3) 带活动型芯的注塑模。当制件带有侧孔或需要内成形而无法通过分型面来取出制件时，只能在模具中设置活动的型芯或镶拼组合式镶块。采用活动型芯的目的是便于在开模时方便地取出制件。

顶出原理：开模后，制件留在活动型芯上，由设置在推杆板上的型芯顶杆将活动型芯与制件一起推出，再由人工将包在活动型芯上的制件取出。

特点：该注塑模手工操作多，生产效率较低，劳动强度大，只适用于小批量的生产。

（4）斜导柱侧向抽芯机构的注塑模。

结构特点：当制件成形或有侧孔时，模具常采用斜导柱或斜滑块等侧向分型抽芯机构。在开模的时候，利用开模力带动侧型芯做横向移动，使其与制件脱离。也有在模具上装设液压缸或气压缸带动侧型芯做横向分型抽芯的。

5. 分型面的类型

常见的分型面类型有直线、倾斜、折线和曲线分型面等（见下表）。

序 号	类 型	特 点
1	直线分型面	与动模、定模固定板平行的分型面
2	倾斜分型面	与动模、定模固定板成一定角度的分型面
3	面折线分型面	分型面不在同一平面内，而由几个折线平面组成的分型面
4	面曲线分型面	模具动模、定模闭合时表面为曲面的分型面

分型面的选择原则：

（1）应取在制件最大截面上。使制件在开模时随动模移动方向脱出定模后留在动模内，以便于取出制件。

（2）要有利于保证制件的外观质量和精度要求及浇注系统的合理布置。

（3）要有利于成形零件的加工制造和侧向抽芯的结构设计。

（4）应根据零件的技术要求，合理选择分型面，可以简化模具的结构。

6. 浇注系统

注塑模的浇注系统是指模具中从注塑机喷嘴开始到型腔入口为止的塑料熔体的流动通道。

浇注系统的作用是：将塑料熔体顺利地充满型腔的各个部位，并在填充及保压过程中，将注射压力传递到型腔的各个部位，以获得外形清晰、内在质量优良的制件。

普通浇注系统一般由主流道、分流道、浇口、冷料穴组成。

主流道的结构形式如下表所示：

名称	整体式	组合式	镶入式
特点	主流道在定模板上直接加工而成，整体式是最简单的主流道机构，常用于简单的注塑模	主流道由两块模板组合而成，装配时应避免两块模板错位而不能脱模	主流道以镶套的形式镶入定模中，适用于所有注塑模具，也是最普遍采用的主流道结构

冷料穴的结构形式：

（1）Z形拉料杆的冷料穴。

（2）球头拉料杆的冷料穴。

（3）无拉料杆的冷料穴。

分流道截面形状有：圆形、梯形、U形、半圆形和矩形等。

浇口的基本形式：点浇口、侧浇口、潜伏浇口、扇形浇口、轮辐浇口。

7. 排气系统

注塑成形模具的排气系统是直接影响制件质量的一个因素，对于成形较大尺寸制件及聚氯乙烯等易分解产生气体的树脂来说尤为重要。因此，排气系统应与型腔和浇注系统综合考虑，以保证制件不会因排气不良而发生质量问题。

排气系统的形式有以下几种：

（1）分型面排气。

（2）利用型芯、推杆、镶件等的间隙排气。

（3）开设排气槽排气。

8. 注塑模成形零件的结构形式

直接与塑料接触并构成塑件形状的零件称为成形零件，成形零件主要是指构成制件内、外形状的动、定模镶块和型芯。成形零件的结构有整体式和镶拼式两种。

整体式镶块的结构特点：

（1）强度高、刚度好。

（2）型腔与导柱（套）孔及抽芯机构在同一模块上，位置精度较高。

（3）易于设置冷却水道或加热装置。

（4）制件外观质量好。

（5）装配简单，工作量小。

镶拼式镶块结构特点：

（1）对于制件较复杂的型腔，可以简化加工工艺；

（2）能够合理地使用模具钢来降低成本；

（3）装配简单，有利于易损件的更换和修理；

（4）拼合处的间隙利于型腔排气。

镶块的固定形式：有通孔和不通孔两种形式。

9. 注塑模常见的机构形式

常见机构有：合模导向机构、抽芯机构、推出机构（又称脱模机构）。合模导向机构的作用如下表所示：

序号	作用	特 点
1	定位	在模具闭合后，能形成一个正确的封闭型腔，避免因位置的偏移而引起制件壁厚不均匀或模塑失败
2	导向	在模具合模时，引导动模、定模正确闭合，避免型芯撞击型腔而损坏零件
3	承受一定的侧压力	由于受注塑机精度的限制，在动、定模合模时，导柱在工作中会承受一定的侧压力

合模导向机构主要有导柱导向和锥面定位两种形式。

（1）抽芯机构。将侧向成形抽出，完成侧向成形抽出和复位的机构称为抽芯机构。抽芯机构的组成部分如下表所示：

组成部分	作用与功能
成形元件	是形成制件侧孔、侧向成形面的零件，如型芯、型块等
运动元件	是连接并带动型芯或型块在模框滑槽内运动的零件，如滑块、斜滑块等
传动元件	是带动运动元件做滑块往复运动的零件，如斜导柱、弯形导柱、齿条、流压抽芯等
锁紧元件	在合模后压紧运动元件，防止注塑时受到反压力而产生位移的零件，如锁紧块、楔紧锥等
限位元件	是限制运动元件在开模后正确定位，以保证合模时运动元件的正确位置的零件，如挡块、定位装置等

抽芯机构按其动力来源可分为机械抽芯机构、液压抽芯机构、手动抽芯机构三种形式。在实际生产中，常采用斜导柱（斜销）、斜滑块及齿轮齿条等机械抽芯机构和液压抽芯机构。抽芯机构的抽芯形式如下表所示：

机构形式		机构特点
机械抽芯机构	斜导柱（斜销）抽芯机构	在注塑机开模时，利用开模力使动模、定模之间产生的相对运动改变运动方向，将侧向成形面抽出。无须手工操作，生产效率高，在生产实践中被广泛采用，但模具结构较复杂
	弯形导柱（弯销）抽芯机构	
	齿轮齿条抽芯机构	
	斜滑块抽芯机构	
液压抽芯机构		在模具上设置专用液压缸，活动型芯靠液压系统抽出，通过液压系统实现抽芯机构的往复运动。其特点是不仅传动平稳，而且可以得到较大的抽拔力和较长的抽芯距
手动抽芯机构		活动型芯与制件一起取出，在模外使制件与型芯分离或依靠人工直接抽出侧面活动型芯。其特点是结构简单，但是生产效率低，劳动强度大，常用于小批量或试样生产

（2）推出机构。在注塑成形的每一次循环中，必须将制件从模具型腔中推出后取出，这个推出制件的机构称为推出机构（又称脱模机构）。

作用：推出机构在模具中的主要作用是将注塑成形的制件从型腔中推出，因此，它直接影响到制件的质量，是注塑模中的一个重要部分。

推出机构的组成部分如下表所示：

序 号	名 称	描 述
1	推出元件	推出制件，使之脱出型腔后取出。包括推杆、拉料杆、推管、卸料板等
2	复位元件	能有效地控制推出机构在合模时回到准确的位置，如复位杆等
3	限位元件	确保在压射力的作用下，工作零件不改变位置，能起到止退的作用，如锁紧块、限位钉、挡圈等
4	导向元件	能正确引导推出机构往复运动，如导柱、导套等
5	结构元件	能使各元件装配成一体并起固定的作用，如推杆固定板、推杆板等

推出机构的分类如下表所示：

序号	分 类	形 式	特 点
1	按传动形式分	机动推出	开模时，动模部分向后移动到一定位置，由注塑机上的顶出装置将推出机构推出，同时，制件也被推出型腔
		液压缸推出	注塑机上设有专用的顶出液压缸，当开模到一定距离后，活塞动作将推出机构推出，制件脱离型腔后取出
		手动推出	当模具开模后，用人工操作推出机构，使制件脱离型腔
2	按结构形式分	直线推出、旋转推出和摆动推出等	—
3	按推出元件分	推杆推出、推管推出、推件板推出、斜滑块推出等	—

推杆推出机构中推杆的固定形式：推杆是由推杆固定板和推杆底板固定并将推出力传到其上的。常用的推杆固定形式有沉入式、间隔式、紧固式三种。

沉入式是生产中最常用的结构形式，稳定性好、结构简单、加工方便。

间隔式结构采用了垫铁或垫圈来代替固定板上的凹坑，简化了加工工序，结构简单。

紧固式结构用于推杆固定板较厚的情况，推杆采用螺钉紧固。

（三）金属压铸模的结构

（1）压铸是一种将熔融状态或半熔融状态的金属浇入压铸机的压室，在高压的作用下，以极高的速度充填在具有很高的尺寸精度和很小的表面粗糙度值的压铸模型腔内，并在高压下使熔融或半熔融的金属冷却凝固成形而获得铸件的高效益、高效率的精密铸造方法。

（2）常见的金属压铸分类方法如下表所示：

压铸的分类方法			说 明
按压铸材料分	单金属压铸		主要是非铁合金压铸
	合金压铸	铁合金压铸	
		非铁合金压铸	
		复合材料压铸	
按压铸机分	热室压铸		压室浸在保温坩埚内
	冷室压铸		压室与保温炉分开
按合金状态分	全液态压铸		常用的压铸技术
	半固态压铸		压铸新技术

（3）压铸机的分类。压铸机通常按压室受热条件的不同分为冷压室压铸机（简称冷室压铸机）和热压室压铸机（简称热室压铸机）两大类。

（4）压铸模的基本结构。压铸模由成形部分、模架、导向零件、顶出机构、浇注系统、排溢系统、抽芯机构、辅助元件组成。

三、铣床的使用

摇臂铣床（数显）的使用是模具加工、装配、调整中重要的一部分，下面介绍铣床使用中的一些知识。

（一）铣刀的种类和用途

1. 铣刀的分类及使用

铣刀的种类很多，分类方法也很多，常见的分类方法如下：

（1）按切削部分的材料分类。

1）高速钢铣刀。这类铣刀目前用得很多，尤其是形状复杂的铣刀和成形铣刀，大多用高速钢制造。为了节省高速钢，直径较大而不太薄的铣刀大多做成镶齿式。为了提高生产效率和铣刀寿命，成形铣刀很多采用涂层刀齿。

2）硬质合金铣刀。端铣刀很多采用硬质合金刀片做刀齿。其他铣刀采用硬质合金刀片的也增加很多，自从可转位硬质合金刀片广泛应用以来，硬质合金在铣刀上的使用日渐普遍。

（2）按铣刀用途分类。

1）加工平面用的铣刀。加工平面用的铣刀有端铣刀和圆柱形铣刀，加工较小的平面，也可以用立铣刀和三面刃铣刀。

2）加工沟槽用的铣刀。加工直角沟槽用的铣刀有立铣刀、三面刃铣刀、键槽铣刀、槽铣刀和锯片铣刀等。加工特形槽的有 T 形槽铣刀、燕尾槽铣刀和角度铣刀等。

3）加工成形面铣刀。根据成形面的形状而专门设计的成形铣刀又称特形铣刀，如半圆形铣刀和专门加工叶片成形面及特殊形状的、根部有沟槽的专用铣刀。另外，像铣削齿轮用的齿轮铣刀等，都是成形铣刀。

（3）按铣刀刀齿的构造分类。

1）尖齿铣刀。尖齿铣刀在垂直于主切削刃的截面上，其齿背的截形是由直线或折线组成的，所以制造和刃磨均较容易，刃口也较锋利。因此生产中常用的铣刀大都是尖齿铣刀，如圆柱铣刀、端铣刀、立铣刀和三面刃铣刀等。

2）铲齿铣刀。铲齿铣刀在刀齿截面上，其材背的截面是一条特殊曲线，一般为平面螺旋线（即阿基米德螺旋线），是在铲齿机床上加工的。这种铣刀的特点是刃磨时只磨前刀面，在刃磨以后只要前角不变，则刀齿的刃口形状也不会改变。为了刃磨方便起见，铲齿铣刀的前角一般都做成零度。铲齿铣刀的特点是制造费用较大，切削性能较差。为了保证成形铣刀刀齿形状不变，都采用铲齿铣刀，以及铣削齿轮用的齿轮铣刀等。

2. 铣刀的安装和调试

铣刀安装是铣削前必要的准备工作，安装方法正确与否决定了铣刀的回转精度，并直接影响铣削质量和铣刀的耐用度。

（1）常用的铣刀安装。铣刀通过刀轴安装在铣床的主轴上。根据铣刀的安装部位不同，分为安装带孔铣刀和安装带柄铣刀两类。

（2）铣刀安装时的注意事项。

1）如采用长轴安装圆柱铣刀、三面刃铣刀等带孔铣刀时，在加工条件许可的情况下，应尽可能使刀具靠近铣床主轴，以使铣削平稳。

2）在不影响铣削的条件下，挂架应尽量靠近铣刀，以增加刀轴的刚度。

3）带孔铣刀安装时，若切削力较大，应在刀杆和铣刀之间采用平键连接；若切削力较小，不采用平键连接时，应注意使铣刀旋转方向与刀杆螺母的旋紧方向相反，否则在铣削过程中会因切削抗力引起刀具松动。

4）铣刀安装时，各结合面之间必须保持清洁，如刀轴的外锥面与主轴的内锥面之间、铣刀内孔与刀轴外表面之间等。若各结合面之间不清洁，将会产生铣刀的全跳动和圆跳动等问题。

5）铣刀安装完毕后，应检查铣刀的跳动情况。如跳动量超出要求时，除检查各结合面之间是否清洁外，还需要检查刀轴、垫圈的变形情况和铣刀的刃磨质量等，逐项分析找出原因。

3. 切削加工用硬质合金的应用范围分类和用途

代号（牌号）：P（钨钛钴类 YT），长切削的黑色金属，蓝色，P01（YT10、YT30）、P10（YT15）、P20（YT14）、P30（YT5）、P40、P50。

代号（牌号）：M［钨钛钽（铌）钴类 YW］，长切削或短切削的黑色金属和有色金属，黄色，M10（YW1）、M20（YW2）、M30、M40。

代号（牌号）：K（钨钴类 YG），短切削的黑色金属、有色金属及非金属材料，红色，K01（YG3、YG3X）、K10（YG6X、YG6A）、K20（YG6、YG8A）、K30（YG8N、YG8）、K40。

（二）铣削用量的选择

1. 铣削用量

铣削过程中所选用的切削用量称为铣削用量。

铣削用量包括铣削深度 a_p、每齿进给量 f_z、铣削速度 v_c 等，合理选用铣削用量，对提高生产效率、改善表面质量和加工精度有着重要作用。

铣削用量的定义及计算公式：

铣削深度 a_p（mm）：沿铣刀轴线方向测量的刀具切入工件的深度。

每齿进给量 f_z（mm/齿）：铣刀每转过一个齿，工件相对铣刀移动的距离。计算公式：

$f_z = f/z = v_f/zn$

其中，v_f 为铣刀每分钟进给量（mm/min）；z 为铣刀齿数；n 为铣刀转速（r/min）。

每转进给量 f（mm/r）：铣刀每转过一转，工件相对于铣刀移动的距离。计算公式：

$f = f_z z$（mm/r）

进给速度（每分钟进给量）v_f（mm/min）：铣刀每转过 1 分钟，工件相对于铣刀移动的距离。计算公式：

$v_f = fn = f_z zn$（mm/min）

铣削速度 v_c（m/min）：主运动的线速度。也就是铣刀刃部最大直径处在一分钟内所经过的距离。计算公式：

$v_c = \pi d_o n / 1000$（m/min）

其中，d_o 为铣刀外径（mm）；n 为铣刀转速（r/min）。

在实际工作中，一般都先确定铣削速度 v_c 的大小，然后按上式算出转速 n 来调整铣床的主轴转速。

2. 合理选择切削用量

（1）选择铣削用量的原则。

1）保证刀具有合理的使用寿命，有高的生产率和低的成本。

2）保证加工质量，主要是保证加工表面的精度和表面粗糙度达到图样要求。

3）不超过铣床允许的动力和扭矩，不超过工艺系统（刀具、工件、机床）允许的刚度和强度，同时又充分发挥它们的潜力。

上述三条，根据具体情况应有所侧重。一般在粗加工时，应尽可能发挥刀具、机床的潜力并保证合理的刀具寿命；精加工时，则首先要保证加工精度和表面粗糙度，同时兼顾合理的刀具寿命。

（2）选择切削用量的顺序。为了保证必要的刀具寿命，应当优先采用较大的铣削深度，其次是选择较大的进给量，最后才是根据刀具寿命要求，选择适宜的铣削速度。

（三）铣刀的几何角度

1. 前角 γ_0

作用：影响切削变形和切屑与前刀面的摩擦及刀具强度。增大前角，则切削刃锋利，从而使切削省力，但会使刀齿强度减弱；前角太小，会使切削费力。

2. 后角 α_0

作用：增大后角，可减少刀具后刀面与切削平面之间摩擦，可得到光洁的加工表面，但会使刀尖强度减弱。

3. 楔角 β_0

作用：楔角的大小决定了切削刃的强度。楔角越小切入金属越容易，但刀刃强度较差；反之切削刃强度好，但较难切入金属。

4. 主偏角 κ_r

作用：影响切削刃铣削的长度，并影响刀具散热、铣削分力之间的比值。

5. 副偏角 κ_r'

作用：影响切削刃对已加工表面的修光作用。减小副偏角，可以使已加工表面的波纹高度减低，降低表面粗糙度值。

6. 刃倾角 λ_s

作用：刃倾角可以控制切屑流出方向，影响切削刃强度并能使切削力均匀。

7. 螺旋角 β

作用：除了刃倾角的作用外，还能使铣削平稳。

（四）工件的定位与装夹

根据夹具的应用范围，将夹具分为通用夹具和专用夹具。

1. 通用夹具的特点和使用

通用夹具是指能加工两种以上工件的同一种夹具，如机床用平口钳、三爪自定心卡盘等。

2. 专用夹具的特点和使用

专用夹具是专为某一工作的某一工序而设计的夹具，这类夹具一般结构紧凑，使用维护方便。

（五）平面加工

1. 铣削方法

在铣床上铣削平面的方法有两种，即用端铣刀（面铣刀）做端面铣削（简称端铣）和用圆柱形铣刀做周边铣削（俗称圆周铣，简称周铣）。

（1）端面铣削。端面铣削是指用铣刀端面齿刃进行的铣削，是利用分布在铣刀端面上的刀尖来加工平面的。

（2）周边铣削。周边铣削是指用铣刀周边齿刃进行的铣削，是利用分布在铣刀圆柱面上的刀刃来铣削并形成平面。

2. 顺铣和逆铣

（1）周边铣削时的逆铣和顺铣。

1）顺铣。在铣刀与工件已加工面的切点处，铣刀旋转切削刃的运动方向与工件进给方向相同的铣削方式称顺铣。

2）逆铣。在铣刀与工件已加工面的切点处，铣刀旋转切削刃的运动方向与工件进给方向相反的铣削方式称逆铣。

（2）端面铣削时的顺铣和逆铣。端面铣削时，根据铣刀与工件之间的相对位置不同而分为对称铣削和非对称铣削。

1）对称铣削。工件处在铣刀中间时的铣削称为对称铣削。铣削时，刀齿在工件的前半部分为逆铣，在后半部分为顺铣。

2）非对称铣削。工件的铣削层宽度偏向铣刀一边时的铣削称为非对称铣削。非对称铣削时有顺铣和逆铣两种。

非对称逆铣。铣削时，逆铣部分占的比例大，在各个刀齿上的力之和，与进给方向相反，所以不会拉动工作台。端面铣削时，刀刃切入工件时由薄到厚，故振动较小，因此在端面铣削时，应采用非对称逆铣。

非对称顺铣。铣削时，顺铣部分占的比例大，在各个刀齿上的力之和，与进给方向相同，故易拉动工作台。在铣削塑性和韧性好、加工硬化严重的（如不锈钢和耐热钢等）材料时，常采用非对称顺铣，以减少切屑粘附和提高刀具寿命。此时，必须调整好丝杠副的传动间隙。

四、装配知识

机械产品一般由许多零件和部件组成。按规定的技术要求，将若干零件结合成部件或若干零件和部件结合成机器的过程称为装配。机械产品结构的复杂程度、产品的批量大小和装配精度的高低是决定装配方法和装配工艺的重要依据，因此，在研究装配工艺之前，必须对机械产品的组成有充分的了解。

装配工艺过程一般由以下几个部分组成：

（1）装配前的准备工作。

（2）研究、熟悉产品装配图及其他工艺文件和技术要求，了解产品结构，熟悉各零件、部件的作用，相互连接关系及连接方法。

（3）确定装配方法、顺序和准备所需要的工具。

（4）对装配的零件进行清理和清洗，去掉零件上的毛刺、铁锈、切屑、油污。

（5）对有些零件还需要进行刮削等修配工作，有些特殊要求的零件还要进行平衡试验、密封性试验等。

（6）装配工作。对比较复杂的产品，其装配工作分为部件装配和总装配。

1）部件装配。将两个或两个以上的零件组合在一起或将零件与几个组件结合在一起，成为一个单元的装配工作，称为部件装配。

2）总装配。指将零件和部件结合成为一台完整产品的过程。

（7）调整、检验和试运行。

1）调整。调节零件或机构的相互位置、配合间隙、结合松紧等，使机构或机器工作协调。

2）检验。检验机构或机器的几何精度和工作精度。

3）试运行。试验机构或机器运转的灵活性、振动状况、工作温度、噪声、转速、功率、密封性等性能参数是否符合要求。

（8）喷漆、涂油、装箱。

五、装配工作的组织形式

装配工作的组织形式随生产类型及产品复杂程度和技术要求不同而不同。机器制造类型及装配的组织形式如下:

1. 单件生产时的装配组织形式

单件生产时,产品几乎不重复,装配工作常在固定地点由一个工人或一组工人完成装配工作。这种装配组织形式对工人的技术要求较高,装配周期较长,生产效率较低。

2. 成批生产时的装配组织形式

成批生产时,装配工作通常分为部件装配和总装配。每个部件由一个工人或一组工人在固定地点完成,然后进行总装配。

3. 大量生产时的装配组织形式

大量生产时,把产品的装配过程划分为部件、组件装配。每个工序只由一个工人或一组工人来完成,只有当所有工人都按顺序完成自己负责的工序后,才能装配出产品。在大量生产中,其装配过程是有顺序地由一个或一组工人转移给另一个或另一组工人的。这种转移可以是装配对象的转移,也可以是工人的转移,通常把这种装配的组织形式称为流水线装配法。流水线装配法由于广泛采用互换性原则,使装配工作工序化,因此装配质量好,生产效率高,是一种先进的装配组织形式。

六、装配工艺规程

(1)分析装配图。了解产品结构特点,确定装配方法。

(2)确定装配的组织形式。根据工厂的生产规模和产品的结构特点,决定装配的组织形式。

(3)确定装配顺序。装配顺序基本上是由产品的结构和装配组织形式决定的。

(4)划分工序及工步。根据装配单元系统图,将整机或部件的装配工作划分为装配工步和装配工序。

1)装配工步。

2)装配工序。①流水作业时,整个装配工艺过程划分多少道工序,取决于装配节奏的快慢。②组件的重要部分,在装配工序完成后必须加以检查,以保证质量。重要而又复杂的装配工序,不易用文字明确表达时,还须画出部件局部的指导性装配图。

(5)选择工艺设备。根据产品的结构特点和生产规模,尽量选用先进装配工具和设备。

(6)确定检验方法。根据产品结构特点和生产规模尽量选用先进的检验方法。

(7)确定工人等级和工时定额。根据工厂的实际经验和统计资料及现场实际情况确定工人等级和工时定额。

（8）编写工艺文件。装配工艺技术文件主要是装配工艺卡片（有时需编写更详细的工序卡），它包含有完成装配工艺过程所必需的一切资料。

七、装配尺寸链

（一）尺寸链的基本概念

在零件加工或机器装配中，由相互关联的尺寸形成的封闭尺寸组，称为尺寸链。

将尺寸链中各尺寸，彼此按顺序连接所构成的封闭图形称为尺寸链简图。如图 5-2（a）所示轴与孔的配合间隙 A_0 与孔径 A_1 及轴颈 A_2 有关，并可画成图 5-3(a) 中的装配尺寸链简图。图 5-2（b）中齿轮端面和箱体内壁凸台端面配合间隙 B_0 与箱体内壁距离 B_1、齿轮宽度 B_2 及垫圈 B_3 有关，也可画成 5-3（b）中的尺寸链简图。

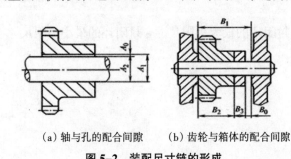

（a）轴与孔的配合间隙　　　（b）齿轮与箱体的配合间隙

图 5-2　装配尺寸链的形成

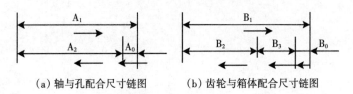

（a）轴与孔配合尺寸链图　　　（b）齿轮与箱体配合尺寸链图

图 5-3　尺寸链简图

绘尺寸链简图时，不必绘出装配部分的具体结构，也无须按严格的比例，而是由有装配技术要求的尺寸首先画起，然后依次绘出与该项要求有关的尺寸，排列成封闭的外形即可。

（二）尺寸链的组成

构成尺寸链的每一个尺寸，都称为尺寸链的环，每个尺寸链至少应有三个环。

封闭环：在零件加工和机器装配中，最后形成（间接获得）的尺寸，称为封闭环。一个尺寸链中只有一个封闭环，如图 5-3 中的 A_0、B_0。在装配尺寸链中，封闭环即装配的技术要求。

组成环：尺寸链中除封闭环外的其余尺寸，称为组成环。如图 5-3 中的 A_1、A_2、B_1、B_2、B_3 等都是组成环。

增环：在其他各组成环不变的条件下，当某组成环增大时，如果封闭环随之增大，那么该组成环就称为增环，如图 5-3 中的 A_1、B_1。

增环用符号 $\vec{A}_1$、$\vec{B}_1$ 表示。

减环：在其他各组成环不变的条件下，当某组成环增大时，如果封闭环随之减小，那么该组成环就称为减环，如图 5-3 中的 A_2、B_2、B_3。

减环用符号 $\overleftarrow{A}_2$、$\overleftarrow{B}_2$、$\overleftarrow{B}_3$ 表示。

封闭环的极限尺寸及公差：

封闭环的基本尺寸 =（所有增环的基本尺寸之和）–（所有减环的基本尺寸之和）。

封闭环的最大极限尺寸 =（所有增环的最大极限尺寸之和）–（所有减环的最小极限尺寸之和）。

封闭环的最小极限尺寸 =（所有增环的最小极限尺寸之和）–（所有减环的最大极限尺寸之和）。

封闭环的公差 = 封闭环的最大极限尺寸 – 封闭环的最小极限尺寸。